21 世纪高职高专通用教材

公差与技术测量实验指导

主　编　徐志慧
副主编　毛志伟
主　审　单嵩麟

U0294815

上海交通大学出版社

内　容　简　介

　　本书是 21 世纪高职高专通用教材《公差与技术测量》的配套实训教材。内容包括：公差与技术测量的基本概念、国家标准、计量器具的选用与操作及其相关实验。书中采用最新国家标准，突出实用性，注重操作能力的培养，系统地阐述了各实验项目的内容、所用计量器具、测量原理、结构、测量方法和步骤。

　　本书可供高职高专院校作该课程的实验、实训用，也可作相关工种的培训教材。

图书在版编目(CIP)数据

　　公差与技术测量实验指导/徐志慧主编. 一上海：上海交通大学出版社，2001(2024 重印)
　　ISBN 978-7-313-02650-7

　　Ⅰ. 公… Ⅱ. 徐… Ⅲ. ①公差-实验-高等学校：技术学校-教材 ② 配合-实验-高等学校：技术学校-教材 ③ 技术测量-实验-高等学校：技术学校-教材 Ⅳ. TG801

　　中国版本图书馆 CIP 数据核字(2001)第 09920 号

公差与技术测量实验指导
徐志慧　主编

上海交通大学出版社出版发行
(上海市番禺路 951 号　邮政编码 200030)
电话：64071208
上海万卷印刷股份有限公司印刷　全国新华书店经销
开本：787mm×1092mm 1/16　印张：5.25　字数：122 千字
2001 年 4 月第 1 版　　2024 年 12 月第 15 次印刷
ISBN 978-7-313-02650-7　　　　　定价：36.00 元

序

发展高等职业技术教育,是实施科教兴国战略、贯彻《高等教育法》与《职业教育法》、实现《中国教育改革与发展纲要》及其《实施意见》所确定的目标和任务的重要环节;也是建立健全职业教育体系、调整高等教育结构的重要举措。

半个多世纪以来,高等职业教育以自己鲜明的特色,独树一帜,打破了高等教育界传统大学一统天下的局面,在适应现代社会人才的多样化需求、实施高等教育大众化等方面,做出了重大贡献,从而在世界范围内日益受到重视,得到迅速发展。

我国从 1980 年开始,在一些经济发展较快的中心城市就先后开办了一批职业大学。1985年,中共中央、国务院在关于教育体制改革的决定中提出,要建立从初级到高级的职业教育体系,并与普通教育相沟通。1996 年《中华人民共和国职业教育法》的颁布,从法律上规定了高等职业教育的地位和作用。目前,我国高等职业教育的发展与改革正面临着很好的形势和机遇:职业大学、高等专科学校和成人高校正在积极发展专科层次的高等职业教育;部分民办高校也在试办高等职业教育;一些本科院校也建立了高等职业技术学院,为发展本科层次的高等职业教育进行探索。国家学位委员会 1997 年会议决定,设立工程硕士、医疗专业硕士、教育专业硕士等学位,并指出,上述学位与工学硕士、医学科学硕士、教育学硕士等学位是不同类型的同一层次。这就为培养更高层次的一线岗位人才开了先河。

高等职业教育本身具有鲜明的职业特征,这就要求我们在改革课程体系的基础上,认真研究和改革课程教学内容及教学方法,努力加强教材建设。但迄今为止,符合职业特点和要求的教材却似凤毛麟角。由泰州职业技术学院、上海第二工业大学、金陵职业大学、扬州职业大学、彭城大学、沙州工学院、上海交通高等职业技术学校、上海农学院、上海汽车工业总公司职工大学、江阴职工大学、江南学院、常州职业技术师范学院、苏州职业大学、锡山市职业教育中心、宁波高等专科学校、上海工程技术大学等 70 余所院校长期从事高等职业教育、有丰富教学经验的资深教师共同编写的《21 世纪高职高专通用教材》,将由上海交通大学出版社陆续向读者朋友推出,这是一件值得庆贺的大好事,在此,我们表示衷心的祝贺,并向参加编写的全体教师表示敬意。

高职教育的教材面广量大,花色品种甚多,是一项浩繁而艰巨的工程,除了高职院校和出版社的继续努力外,还要靠国家教育部和省(市)教委加强领导,并设立高等职业教育教材基金,以资助教材编写工作,促进高职教育的发展和改革。高职教育以培养一线人才岗位与岗位群能力为中心,理论教学与实践训练并重,二者密切结合。我们在这方面的改革实践还不充分。在肯定现已编写的高职教材所取得的成绩的同时,有关学校和教师要结合各校的实际情况和实训计划,加以灵活运用,并随着教学改革的深入,进行必要的充实、修改,使之日臻完善。

阳春三月,莺歌燕舞,百花齐放,愿我国高等职业教育及其教材建设如春天里的花园,群芳争妍,为我国的经济建设和社会发展作出应有的贡献!

叶春生

2001 年 2 月 5 日

21世纪高职高专通用教材编纂委员会

（以姓名笔划为序）

前　言

　　本书是与 21 世纪高职高专通用教材《公差与技术测量》配套的实训教材。高等职业技术教育的培养目标是为社会培养较高层次的应用型和操作型人才。他们不但应具备一定的理论知识,而且还应该会操作,具有较强的实践能力。本课程的培养目标是在掌握互换性的基本概念,会选用公差与配合国家标准,了解技术测量基本知识的基础上,还应该熟悉各种计量器具的选用并培养实际操作能力。因此,实验在本课程中占有非常重要的地位。本教材采用最新国家标准,突出实用性,注重操作能力的培养,系统地阐述了各实验项目的内容、所用计量器具、测量原理、结构、测量方法和步骤。内容通俗易懂,既适合于实验指导,又适用于实验培训和自学。

　　本书由江阴职工大学徐志慧主编,泰州职业技术学院单嵩麟主审。实验二、实验三和实验五由徐志慧编写,实验一和实验四由金陵职业大学毛志伟编写。

　　由于编者水平有限,希望广大读者对书中不妥之处予以批评指正。

编　者

2000 年 10 月

目　　录

实验一　尺寸测量

实验1－1　用内径百分表测量内径

(一) 实验目的

(1) 熟悉内径百分表及内径的测量方法。
(2) 加深对内尺寸测量特点的了解。

(二) 实验内容

用内径百分表测量内径。

(三) 计量器具说明

内径百分表是用相对法测量内孔的一种常用量仪。其分度值为 0.01mm,测量范围一般为 6～10,10～18,18～35,35～50,50～100,100～160,160～250,250～450 等,单位为 mm。其典型结构如图 1－1 所示。

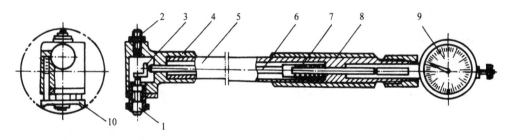

图 1－1　内径百分表
1－活动测头　2－可换测头　3－等臂杠杆　4－主体　5－直管　6－传动杆
7－弹簧　8－隔热手柄　9－百分表　10－定位护桥

内径百分表是用它的可换测头 2(测量中固定不动)和活动测头 1 与被测孔壁接触进行测量的。仪器盒内有几个长短不同的可换测头,使用时可按被测尺寸的大小来选择。测量时,将量仪测头放入被测孔内,活动测头 1 产生轴向位移,使等臂杠杆 3 回转,并通过传动杆 6 推动百分表 9 的测杆位移,从百分表上读取读数。定位护桥 10 在弹簧的作用下,对称地压靠在被测孔壁上,使得测头 1 和 2 的轴线位于被测孔的直径上。

(四) 测量原理

首先将量块组放入量块夹中,通过卡脚形成内尺寸 L(可按基本尺寸组合量块)(图 1－2)。再用它来调整内径百分表指针到零位。测量孔径时从内径百分表上读出的指针偏移量 ΔL,即为被测孔径与量块组尺寸的差值。被测孔径 $D＝L＋\Delta L$(图 1－3)。

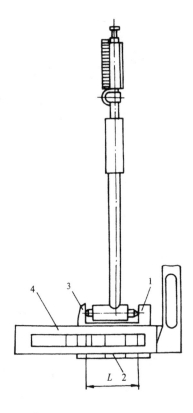

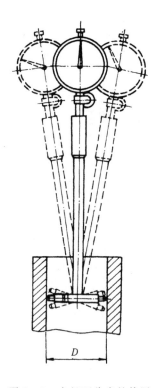

图 1-2　内径百分表的调零

1,3—专用侧块　2—量块组　4—量块夹

图 1-3　内径百分表的使用

(五) 测量步骤

1. 选取可换测头

根据被测孔径基本尺寸,选取可换测头拧入内径百分表的螺孔中,扳紧锁紧螺母。

2. 组合量块组

按被测孔径的基本尺寸 L 组合量块,放入量块夹内夹紧(图 1-2),以便仪器对零位。

3. 将内径百分表调整零位

用手拿着隔热手柄(图 1-1 中的 8),另一只手的食指和中指轻轻压按定位板,将活动测头压靠在侧块上,使活动测头内缩,以保证放入可换测头时不与侧块摩擦而避免磨损。然后,松开定位板和活动测头,使可换测头与侧块接触,就可在垂直和水平两个方向上摆动内径百分表找最小值。反复摆动几次,并相应地旋转表盘,使百分表的零刻度正好对准示值变化的最小值。零位对好后,用手指轻压定位板使活动测头内缩,当可换测头脱离接触时,缓缓地将内径百分表从侧块内取出。

4. 测量内径

将内径百分表插入被测孔中,沿被测孔的轴线方向测几个截面,每个截面要在相互垂直的两个部位上各测一次。测量时轻轻摆动内径百分表(图 1-3),记下示值变化的最小值。根据测量结果和被测孔的公差要求及验收极限,判断被测孔是否合格。

（六）思考题

（1）用内径千分尺与内径百分表测量孔的直径时,各属何种测量方法?

（2）试分析用内径百分表测量孔径有哪些测量误差?

实验1－2　用卧式测长仪测量内径

（一）实验目的

（1）熟悉卧式测长仪的使用。

（2）掌握内尺寸测量方法的特点。

（二）实验内容

用卧式测长仪测量孔的直径。

（三）计量器具说明

卧式测长仪是以精密刻度尺为基准,利用平面螺旋线式读数装置的精密长度计量器具。该仪器带有多种专用附件,可用于测量外尺寸、内尺寸和内、外螺纹中径。根据测量需要,既可用于绝对测量,又可用于相对(比较)测量,故称为万能测长仪。

卧式测长仪的外观如图1－4所示。在测量过程中,镶有一条精密毫米刻度尺(图1－5(a)中的6)的测量轴3随着被测尺寸的大小在测量轴承座内作相应的滑动。当测头接触被测部分后,测量轴就停止滑动。图1－5(a)是测微目镜1的光学系统。在目镜1中可以观察到毫米数值,但还需细分读数,以满足精密测量的要求。测微目镜中有一个固定分划板4,它的上面刻有10个相等的刻度间距,毫米刻度尺的一个间距成像在它上面时恰与这10个间距总长相等,故其分度值为0.1mm。在它的附近,还有一块通过手轮3可以旋转的平面螺旋线分划板2,其上刻有十圈平面螺旋双刻线。螺旋双刻线的螺距恰与固定分划板上的刻度间距相等,其分度值也为0.1mm。在分划板2的中央,有一圈等分为100格的圆周刻度。当分划板2

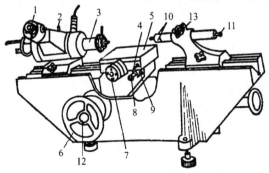

图1－4　卧式测长仪外形

1—目镜　2—紧固螺钉　3—测量轴　4,8—手柄　5—工作台
6—升降手轮　7—横动手轮　9—手柄　10—尾管
11—微调螺钉　12—手轮紧固螺钉　13—尾管紧固螺钉

3

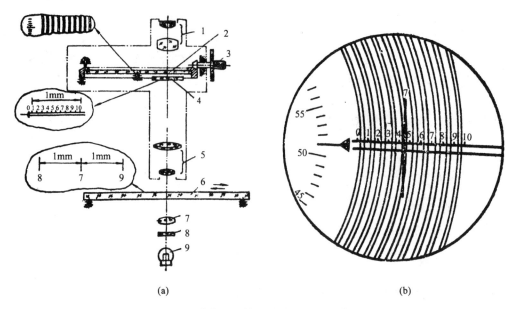

(a)　　　　　　　　　　　　　　　　(b)

图 1—5　读数显微镜的光学系统和目镜视场

(a) 光学系统　(b) 目镜视场

1—目镜　2—圆分划板　3—手轮　4—固定分划板　5—物镜组　6—精密刻线尺　7—透镜　8—光阑　9—光源

转动一格圆周分度时,其分度值为

$$1 \times \frac{0.1}{100} = 0.001 (\text{mm})$$

这样就可达到细分读数的目的。这种仪器的读数方法如下:从目镜中观察,可同时看到三种刻线(图 1—5(b))。先读毫米数(7mm),然后按毫米刻线在固定分划板 4 上的位置读出零点几毫米数(0.4mm)。再转动手轮 3,使靠近零点几毫米刻度值的一圈平面螺旋双刻线夹住毫米刻线,再从指示线对准的圆周刻度上读得微米数(0.051mm)。所以从图 1—5(b)中读得的数是 7.451mm。

(四) 测量原理

首先选取标准环规,形成尺寸 D。再用卧式测长仪内侧钩与标准环规内径(最大值)处相接触,读出读数 L_1(也称仪器调零)。然后将标准环规换成被测件,进行测量。读出读数 L_2,即所测被测件实际尺寸 $= (L_2 - L_1) + D$。

(五) 测量步骤

(1) 接通电源,转动测微目镜的调节环以调节视度。

(2) 参看图 1—4:松开紧固螺钉 12,转动手轮 6,使工作台 5 下降到较低的位置。然后在工作台上安好标准环。

(3) 将一对测钩分别装在测量轴和尾管上(图 1—6),测钩方向垂直向下,沿轴向移动测量轴和尾管,使两测钩头部的楔槽对齐,然后旋紧测钩上的螺钉,将测钩固定。

(4) 上升工作台,使两测钩伸入标准环内或量块组两侧块之间,再将手轮 6 的紧固螺钉 12 拧紧。

（5）移动尾管10（11是尾管的微调螺钉），同时转动工作台横向移动手轮7，使测钩的内测头在标准环端面上刻有标线的直线方向或量块组的侧块上接触，用紧固螺钉13锁紧尾管；然后用手扶稳测量轴3，挂上重锤，并使测量轴上的测钩内测头缓慢地与标准环或侧块接触。

（6）找准仪器对零的正确位置（第一次读数 L_1）。

如为标准环，则需转动手轮7，同时应从目镜中找准转折点（图1—7（a）中的最大值），在此位置上，扳动手柄8，再找转折点（图1—7（b）中的最小值），此处即为直径的正确位置。然后，将手柄9压下固紧。

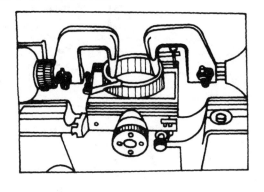

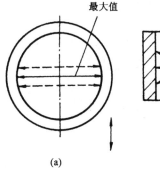

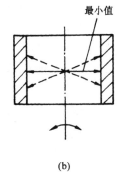

图1—6　测钩的安装　　　　　　　　　　　图1—7　找转折点

如为量块组，则需转动手柄4，找准转折点（最小值）。在此位置上扳动手柄8仍找最小值的转折点。此处即为正确对零位置。要特别注意，在扳动手柄4和8时，其摆动幅度要适当，千万避免测头滑出侧块，由于重锤的作用使测量轴急剧后退产生冲击，将毫米刻度尺损坏。为防止这一事故的发生，通过重锤挂绳长度对测量轴行程加以控制。当零位找准后，即可按前述读数方法读数。

（7）用手扶稳测量轴3，使测量轴右移一个距离，固紧螺钉2（尾管是定位基准，不能移动），取下标准环或量块组。然后安装被测工件，松开螺钉2，使测头与工件接触。按前述的方法进行调整与读数（L_2），即可测出被测件的实际尺寸 $=（L_2-L_1）+D$（D 为标准环规尺寸）。

（8）沿被测内径的轴线方向测几个截面。每个截面要在相互垂直的两个部位上各测一次。

（9）根据测量结果和被测内径的公差要求，判断该内径是否合格。

（六）思考题

卧式测长仪上有手柄4（图1—4），能使万能工作台作水平转动，测量哪些形状的工件需要用它来操作？

实验1—3　用立式光学计测量外径

（一）实验目的

（1）了解立式光学计的测量原理。

（2）熟悉用立式光学计测量外径的方法。

（二）实验内容

用立式光学计测工件的外径

（三）计量器具说明

图 1—8 为立式光学计外形图。它由底座 1、立柱 5、支臂 3、直角光管 6 和工作台 11 等几部分组成。光学计是利用光学杠杆放大原理进行测量的仪器，其光学系统如图 1—9(b)所示。照明光线经反射镜 1 照射到刻度尺 8 上，再经直角棱镜 2、物镜 3，照射到反射镜 4 上。由于刻度尺 8 位于物镜 3 的焦平面上，故从刻度尺 8 上发出的光线经物镜 3 后成为平行光束。若反射镜 4 与物镜 3 之间相互平行，则反射光线折回到焦平面，刻度尺像 7 与刻度尺 8 对称。若被测尺寸变动使测杆 5 推动反射镜 4 绕支点转动某一角度 α（图 1—9(a)），则反射光线相对于入射光线偏转 2α 角度，从而使刻度尺像 7 产生位移 t（图 1—9(c)），它代表被测尺寸的变动量。物镜至刻度尺 8 间的距离为物镜焦距 f，设 b 为测杆中心至反射镜支点间的距离，s 为测杆 5 移动的距离，则仪器的放大比 K 为

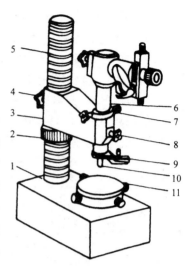

图 1—8　立式光学计外形
1—底座　2—螺母　3—支臂
4,8—紧固螺钉　5—立柱
6—直角光管　7—调节凸轮
9—拨叉　10—测头
11—工作台

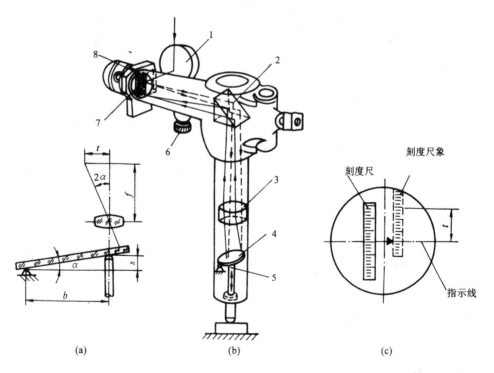

(a)　　　　　　(b)　　　　　　(c)

图 1—9　直角光管的光路系统

1—反射镜　2—直角棱镜　3—物镜　4—平面反射镜　5—测杆　6—零位微调螺钉　7—刻度尺像　8—刻度尺

$$K = \frac{t}{s} = \frac{f\tan 2\alpha}{b\tan\alpha}$$

当 α 很小时,$\tan2\alpha\approx2\alpha$,$\tan\alpha\approx\alpha$,因此

$$K = \frac{2f}{b}$$

光学计的目镜放大倍数为 12,$f=200$mm,$b=5$mm,故仪器的总放大倍数 n 为

$$n = 12K = 12\,\frac{2f}{b} = 12 \times \frac{2 \times 200}{5} = 960$$

由此说明,当测杆移动 0.001mm 时,在目镜中可见到 0.96mm 的位移量。

(四) 测量原理

用立式光学计测量工件外径,是按比较测量法
进行测量的。先用选择好的尺寸为 L 的量块组,将
仪器的刻度尺调到零位。再将被测工件放到测头与
工作台面之间。从目镜或投影屏中,可读得被测工
件外径相对量块组尺寸的差值 ΔL。则被测工件的
外径尺寸 $D=L+\Delta L$,如图 1—10 所示。

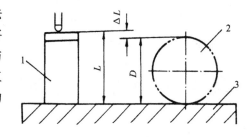

图 1—10　测量工件外径

1—量块组　2—被测工件　3—测量基准平面(平板)

(五) 测量步骤

1. 测头的选择

测头有球形,平面形和刀口形三种,根据被测零件表面的几何形状来选择,使测头与被测
表面尽量满足点接触。所以,测量平面或圆柱面工件时,选用球形测头;测量球面工件时,选用
平面形测头;测量小于 10mm 的圆柱面工件时,选用刀口形测头。

2. 按被测工件外径的基本尺寸组合量块

3. 调整仪器零位

(1) 参看图 1—8,将量块组置于工作台 11 的中央,并使测头 10 对准量块测量面的中央。

(2) 粗调节:松开支臂紧固螺钉 4,转动调节螺母 2,使支臂 3 缓慢下降,直到测头与量块
上测量面轻微接触,并能在视场中看到刻度尺像时,将螺钉 4 锁紧。

(3) 细调节:松开紧固螺钉 8,转动调节凸轮 7,直至在目镜中观察到刻度尺像与 μ 指示线
接近为止(图 1—11(a)),然后拧紧螺钉 8。

(4) 微调节:转动刻度尺微调螺钉 6(图 1—9(b)),使刻度尺的零线影像与 μ 指示线重合
(图 1—11(b)),然后按动拨叉 9 数次,使零位稳定。

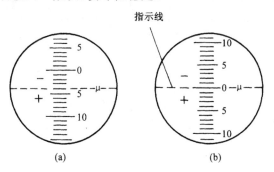

图 1—11　调整零位

（5）将测头抬起，取下量块。

4．测量工件

按实验规定的部位进行测量，把测量结果填入实验报告。

5．合格性判断

根据国家标准，查出尺寸公差和形状公差，计算出极限尺寸，判断工件的合格性。

（六）思考题

（1）用立式光学计测量工件属于什么测量方法？绝对测量与相对测量各有何特点？

（2）什么是分度值、刻度间距？它们与放大比的关系如何？

（3）仪器的测量范围和刻度尺的示值范围有何不同？

（4）仪器工作台对测杆轴线垂直度如何调节？

实验1－4　用机械比较仪测量外径

（一）实验目的

（1）了解机械比较仪的测量原理。

（2）掌握用机械比较仪测量外径的方法。

（二）实验内容

用机械比较仪测量工件的外径。

（三）计量器具说明

1．杠杆齿轮式比较仪

杠杆齿轮式比较仪分度值为 0.001mm，标尺示值范围为±0.1mm。可用于测量工件的尺寸及形位误差，也可作为测量装置的读数元件。杠杆齿轮比较仪一般由杠杆齿轮比较仪表头和座架两部分组合使用，如图 1－12 所示。其工作原理，如图 1－13 所示。当测量杆 1 有微小直线位移时，使杠杆短臂 2 和齿轮杠杆 3 一起转动，齿轮杠杆 3 又带动小齿轮 4 和指针 5 一起转动，并可在表盘 6 上指示出相应的数值。

2．扭簧比较仪

扭簧比较仪的分度值和示值范围，如表 1－1 所示。扭簧比较仪（图 1－14）用于比较测量法测量高精度工件的尺寸和形位误差，也可用作测量装置的指示器。

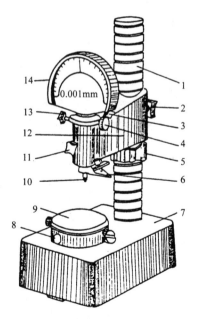

图 1－12　机械比较仪

1－立柱　2－紧固螺钉　3－微调手轮
4－细调手轮　5－螺母　6－拨叉　7－基座
8－工作台调整螺钉　9－光面圆工作台
10－测头　11－紧固螺钉　12－臂架
13－紧固螺钉　14－测微仪

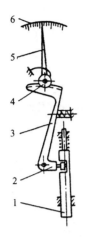

图 1—13　杠杆齿轮比较仪工作原理图

1—测量杆　2—杠杆短臂　3—齿轮杠杆
4—小齿轮　5—指针　6—表盘

表 1—1

分度值	示值范围(不小于)
0.001	±0.03
0.000 5	±0.015
0.000 2	±0.006
0.000 1	±0.003

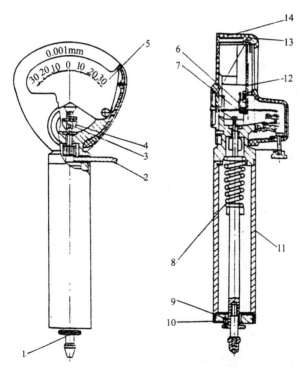

图 1—14　扭簧比较仪的外形和结构

1—测杆　2—拨叉　3—滑块　4—传动角架　5—刻度盘　6—阻尼器　7—扭簧
8—锥形弹簧　9—压缩弹簧　10—限位销　11—套筒　12—指针　13—前表盖　14—后表盖

用扭簧比较仪测量时,如图 1—15 所示,当测杆 1 上升时,测杆 1 推动传动角架 2,使角架 2 转动并拉长扭簧 5。扭簧被拉长时,扭簧的对称中心平面将带动指针 6 向刻度盘 3 的正方向旋转。反之当测杆 1 下降时,扭簧 5 将缩短,扭簧 5 上的指针 6 将向刻度盘 3 的负方向旋转。

使用扭簧比较仪应注意：

（1）测头与被测工件接触时，应仔细调整，若指针超出示值范围过多，容易损坏扭簧比较仪。

（2）扭簧比较仪的指针容易折断或脱落，使用时应避免磕碰、撞击。

（四）测量原理

用机械比较仪测量工件外径，也是按比较测量法进行测量的。先用选择好的尺寸为 L 的量块组，将仪器的指针调到零位，再将被测工件放到比较仪的测头与工作台面之间。从比较仪的表盘上读出指针相对零位的差值 ΔL（即被测工件外径相对量块组尺寸的差值）。则被测工件的外径尺寸 $D = L + \Delta L$，如图 1—10 所示。

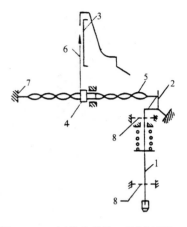

图 1—15　扭簧比较仪工作原理图
1—测杆　2—传动角架　3—刻度盘
4—阻尼器　5—扭簧　6—指针
7—弓架　8—膜片弹簧

（五）测量步骤

1. 测头的选择

根据被测零件表面的几何形状来选择测头，使测头与被测表面尽量满足点接触。

2. 按被测工件外径的基本尺寸组合量块

3. 调整仪器零位

（1）参看图 1—12，将量块组置于工作台 9 的中央，并使仪器测头 10 对准量块测量面的中央。

（2）粗调节：松开臂架紧固螺钉 2，转动调节螺母 5，使臂架 12 缓慢下降，直到测头与量块上测量面轻微接触，将螺钉 2 锁紧。

（3）细调节：松开紧固螺钉 13，转动细调手轮 4，使比轮仪指针接近刻度盘零位。然后拧紧螺钉 13。

（4）微调节：转动微调手轮 3，使指针与刻度盘零位重合，然后压下测头拨叉 6 数次，使零位稳定。

（5）将测头抬起，取下量块。

4. 测量工件

按实验规定的部位进行测量，把测量结果填入实验报告。

5. 合格性判断

从国家有关公差标准中查出公差值，计算工件的极限尺寸，判断工件的合格性。

（六）思考题

用机械比较仪测量外径属于什么测量方法？

实验二　形位误差的测量

实验 2-1　直线度误差的测量

（一）实验目的

（1）掌握用水平仪测量直线度误差的方法及数据处理。
（2）加深对直线度误差含义的理解。
（3）掌握直线度误差的评定方法。

（二）实验内容

用框式水平仪按节距法测量导轨在给定平面内的直线度误差,并判断其合格性。

（三）计量器具说明

测量直线度误差常用的计量器具有框式水平仪、合象水平仪、电子水平仪和自准直仪等。这类器具的共同特点是测量微小角度的变化。由于被测表面存在着直线度误差,计量器具置于不同的被测部位上,其倾斜角度就要发生相应的变化。如果节距（相邻两测点的距离）一经确定,这个变化的微小倾角与被测相邻两点的高低差就有确切的对应关系。通过对逐个节距的测量,得出变化的角度,用作图或计算,即可求出被测表面的直线度误差值。

（四）测量原理

框式水平仪是一种测量偏离水平面的微小角度变化量的常用量仪,它的主要工作部分是水准器。水准器是一个封闭的玻璃管,内表面的纵剖面具有一定的曲率半径 R,管内装有乙醚或酒精,并留有一定长度的气泡。由于地心引力作用,玻璃管内的液面总是保持水平,即气泡总是在圆弧形玻璃管的最上方。当水准器下平面处于水平时,气泡处于玻璃管外壁刻度的正中间,若水准器倾斜一个角度 α,则气泡就要偏离最高点,移过的格数与倾斜的角度 α 成正比,如图 2-1 所示。由此,可根据气泡偏离中间位置的大小来确定水准器下平面偏离水平的角度。

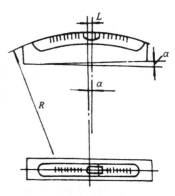

图 2-1　水平仪的工作原理

框式水平仪的分度值有 0.1mm/m, 0.05mm/m, 0.02 mm/m 三种。如果水平仪分度值为 0.02mm/m,则气泡每移动一格,表示导轨面在 1m 长度上两测量点高度差为 0.02mm(或倾斜角 α 为 4″)。

用水平仪测量导轨的直线度误差是采用节距法,即将导轨长划分成若干段,测量每段长度的水平偏差,通过计算作图找出导轨全长的直线度误差。

（五）测量步骤

（1）量出被测导轨总长,根据总长和精度要求,确定相邻两测点之间的距离（节距）,并将导轨擦拭干净。

（2）测量前将被测导轨表面调整到接近水平位置,使在整个被测长度上,水平仪的读数都在示值范围内。

（3）将水平仪固定在桥板上,再将桥板放在被测表面的起始端（此时水平仪读数不一定为零）,进行逐段测量,直到最末端。移动桥板必须注意首尾相接,如图2-2所示。每个位置待气泡稳定后,从气泡边缘所在刻线读出气泡偏离的格数,并将从头至尾各读数记在报告中。同样,再从头至尾测第二次,将两次读数取平均值便得。测量时注意:操作者切勿来回走动,以便让气泡很快稳定下来读数。

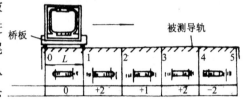

图2-2 用水平仪测导轨直线度

（4）数据处理。用水平仪测量时由于每次读数都是反映在该段长度上,后一测量点相对于前一测点对水平的倾斜角为 α_i,要使各点衔接必须将各次读数依次累加,表2-1为一示例。

（5）作图。在坐标纸上,横坐标表示被测导轨长度,每一间隔代表一个分段,在纵坐标上记下各段的累加值 y_i（格）,将各测点的 y_i 值连接成折线,就得到被测导轨面上各点偏离直线的误差曲线,如图2-3所示。

表2-1 测量导轨上各段水平倾斜的读数及其累加值示例

测点序号	0~1	1~2	2~3	3~4	4~5
读数值 a_i（格）	0	+2	+1	+2	-2
累加值 y_i（格）	0	+2	+3	+5	+3

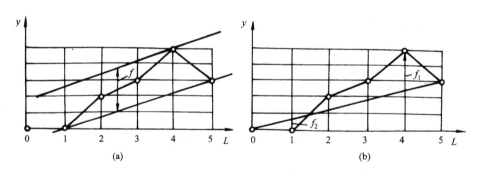

图2-3 直线度误差的评定

（6）直线度误差评定。作好误差曲线后,应按最小区域法评定直线度误差。作两条平行直线包容误差曲线,且与误差曲线至少有三个呈相间分布的接触点（如图2-3(a)中呈低→高→低相间分布的三个接触点）,这两条平行直线在 y 方向的距离 f 即为直线度误差（如图2-3(a)中直线度误差 f 为2.8格）。

也可采用两端点连线法评定:误差曲线上到两端点连线的最大距离与最小距离（均在 y

方向上量)之代数差即为直线度误差(如图 2—3(b)中,直线度误差 $f=|f_1|+|f_2|=3.2$ 格)。

以上两种方法评定出的直线度误差都需要将格值换算成线值:

$$f_-(\mu m)=f \cdot i \cdot L$$

式中　　f——直线度误差(格值);

　　　　i——水平仪分度值(mm/m);

　　　　L——桥板跨距。

如上例中,若水平仪分度值 i 为 0.02mm/m,桥板跨距为 300mm,则按最小区域法评定的直线度误差为 $2.8×0.02×300=16.8\mu m$;按两端点连线法评定的直线度误差为 $3.2×0.02×300=19.2\mu m$。

(7) 根据测量所评定的直线度误差 f_- 与直线度公差 t_- 比较来判断其合格性。当 $f_- \leqslant t_-$ 时,为合格。

(六) 思考题

(1) 用框式水平仪测量导轨直线度误差,属于形位误差的哪种检测原则?

(2) 用作图法求解直线度误差时,如前所述,总是按平行于纵坐标计量,而不是垂直于两条平行包容直线之间的距离,原因何在?

(3) 按最小包容区域和用两端点连线法评定直线度误差,哪种方法比较准确?

实验 2—2　圆度、圆柱度误差测量

(一) 实验目的

(1) 掌握圆度和圆柱度误差的测量方法。

(2) 加深对圆度和圆柱度误差和公差概念的理解。

(二) 实验内容

用两点法和三点法组合测量轴的圆度和圆柱度误差。

(三) 计量器具说明

两点法和三点法测量圆度和圆柱度误差是一般生产车间可采用的简便易行的方法,它只需要普通的计量器具,如百分表或比较仪等。

1. 百分表

百分表是应用最多的一种机械量仪,它的外形和传动原理如图 2—4、图 2—5 所示。

图 2—5 所示常用百分表的传动系统,由齿轮、齿条等组成。测量时,当带有齿条的测量杆上下移动时,带动与齿条啮合的小齿轮 Z_2 转动,与 Z_2 同轴的大齿轮 Z_3 及小指针也跟着转动,而 Z_3 又带动小齿轮 Z_1 及其轴上的大指针偏转。游丝的作用是迫使整个传动机构中齿轮副在正反转时均为单面啮合。弹簧是用来控制测量力的。

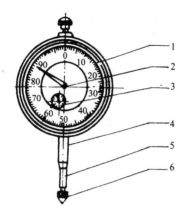

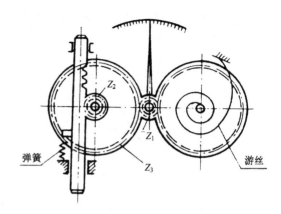

图 2-4　百分表
1—表盘　2—大指针　3—小指针
4—套筒　5—测量杆　6—测量头

图 2-5　百分表传动系统

百分表刻度盘上刻有 100 等分,分度值为 0.01mm。测量时,测量杆移动 1mm,大指针转 1 圈,小指针转 1 格。百分表的示值范围一般为 0～3mm,0～5mm 及 0～10mm,大行程百分表的行程可达 50mm。

2. 扭簧比较仪

扭簧比较仪是利用扭簧作为传动放大机构,将测量杆的直线位移转变为指针的角位移。图 2-6 是它的外形与传动原理示意图。

扭簧比较仪的分度值有 0.001mm、0.000 5mm、0.000 2mm、0.000 1mm 四种,其标尺的示值范围分别为 ±0.030mm、±0.015mm、±0.006mm 和 ±0.003mm。

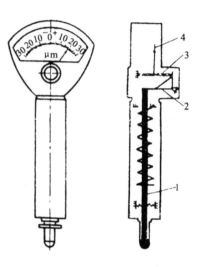

图 2-6　扭簧比较仪
1—测量杆　2—传动角架
3—扭簧　4—指针

(四) 测量原理

两点法测量圆度误差的原理是将被测零件放在支承上,用指示器来测量实际圆的各点对固定点的变化量,如图 2-7 所示。零件回转一圈,指示器读数的最大差值之半,作为该截面圆的圆度误差;测量若干个截面,取几个截面中最大的圆度误差值作为零件的圆度误差,取各截面内所有读数中最大与最小值的差值之半作为零件的圆柱度误差。它适宜找出轮廓圆具有偶数棱的圆度和圆柱度误差。

三点法测量圆度误差的原理是将被测零件放在 V 形块上,使其轴线垂直于测量截面,同时固定轴向位置,百分表接触圆轮廓的上面,如图 2-8 所示。将被测零件回转一周,取百分表读数的最大差值之半,作为该截面的圆度误差。测量若干个截面,取其中最大的圆度误差值作为该被测零件的圆度误差。取各截面内最大与最小读数值的差值之半作为零件的圆柱度误差。它适宜找出轮廓圆具有奇数棱的圆度和圆柱度误差。

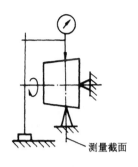

测量截面

图 2—7 两点法测量圆度误差

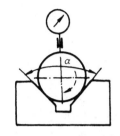

图 2—8 三点法测量圆度误差

测量前,往往不知道被测零件截面是偶数棱圆还是奇数棱圆,不便确定采用两点法还是三点法,比较可靠的办法是用两点法测量一次和两种三点法(V 形块支承夹角 $\alpha = 90°$ 和 $120°$ 或 $\alpha = 108°$ 或 $72°$)各测一次,取三次所得误差值中的最大值作为零件的圆度误差和圆柱度误差。

（五）测量步骤

1. 两点法

(1) 将被测轴放在平板上,用外径千分尺测量被测轴同一截面内,轮廓圆一周上六个位置的直径。取最大直径与最小直径之差的一半作为该截面的圆度误差。

(2) 按上述同样方法,分别测量五个不同截面,取五个截面的圆度误差中最大值作为该被测轴的圆度误差 f_{01},取各截面内测得的所有读数中最大与最小读数差值之半作为该被测轴的圆柱度误差 $f_{柱1}$。

2. 三点法

(1) 将被测轴放置在 $\alpha = 90°$(或 $72°$)的 V 形块上,平稳移动百分表座,使表的测头接触被测轴,并垂直于被测轴的轴线,使表上指针处于刻度盘的示值范围内。

(2) 转动被测轴一周,记下百分表读数的最大值与最小值,最大值与最小值之差的一半作为该截面的圆度误差。

(3) 按同样方法,分别测量被测轴上五个不同截面,取五个截面的圆度误差中最大值作为该被测轴的圆度误差 f_{02};取各截面测得的所有读数中最大值与最小值之差的一半作为该被测轴的圆柱度误差 $f_{柱2}$。

(4) 将被测轴放置在 $\alpha = 120°$(或 $108°$)的 V 形块上,按上述方法再测一轮回,求出圆度误差 f_{03} 和圆柱度误差 $f_{柱3}$。

最后取以上三次测得误差中的最大值作为该被测轴的圆度误差 f_0 和圆柱度误差 $f_柱$。

把测得值与圆度公差和圆柱度公差比较,若 $f_0 \leqslant t_0$、$f_柱 \leqslant t_柱$,工件合格。

（六）思考题

(1) 测量圆度、圆柱度误差的两点法和三点法有什么区别?

(2) 为什么要采用两点法和三点法组合测量来确定圆度和圆柱度误差?

实验 2—3　平行度误差测量

(一) 实验目的

(1) 掌握平行度误差的测量方法。
(2) 加深对平行度误差和公差概念的理解。
(3) 加深理解形位误差测量中基准的体现方法。

(二) 实验内容

用指示表测量孔的轴线对基准平面的平行度误差。

(三) 计量器具说明

平行度误差的测量所用计量器具为平板、百分表、表座。

(四) 测量原理

图 2—9 所示为用指示表测量轴线对基准平面平行度误差的方法。其中,图 2—9(a)为被测工件的简图,ϕD 孔轴线对基准面 A 的平行度公差为 t。图 2—9(b)为测量该工件平行度误差的示意图。测量时用平板 1 模拟基准平面 A,用心轴 3 模拟被测孔的轴线。测量心轴 3 的素线上两点相对于平板 1 的高度差作为孔相对于底面的平行度误差。

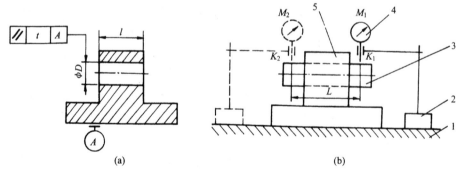

图 2—9　用指示表测量轴线对基准平面平行度误差
1. 平板　2. 测量架　3. 心轴　4. 指示表　5. 被测工件

(五) 测量步骤

(1) 如图 2—9 所示,将工件 5 放在平板 1 上,将心轴 3 装入孔 ϕD 中,将百分表 4 装在测量架 2 上。

(2) 在平板上移动测量架 2,指示表 4 在心轴素线 K_2K_1 的 K_1 处的读数值为 M_1,指示表在 K_2 处的读数值为 M_2。并测出尺寸 L。

(3) 按下面公式求出孔 ϕD 对基准面 A 的平行度误差

$$f_{/\!/} = |\, M_1 - M_2\,| \times \frac{l}{L}$$

(4) 判断工件的合格性,当 $f_{/\!/} \leqslant t$ 时,工件合格。

(六) 思考题

(1) 什么是基准? 根据什么原则由基准实际要素建立基准? 体现基准的方法有哪几种?
(2) 本实验中用了哪几种体现基准的方法?

实验 2-4 对称度误差测量

(一) 实验目的

(1) 掌握对称度误差的测量方法。
(2) 加深对对称度误差和公差概念的理解。

(二) 实验内容

测量箱体的槽面对中心平面的对称度误差。

(三) 计量器具说明

测量箱体对称度误差的常用器具是平板和杠杆百分表。

杠杆百分表是利用杠杆-齿轮传动,将测量杆的摆动变为指针回转运动的指示量仪,如图 2-10 所示。其主要用途是测量内表面的形位误差或用比较法测量内尺寸。

杠杆百分表体积较小,测量杆可以扳动 180°,而且通过拨动换向手把可以作正反方向的测量,因此特别适宜测量由于受空间限制,百分表难以接近的工件表面,如内孔、凹槽等的测量与找正。测量时必须尽可能使测量杆的轴线垂直于工件尺寸线,以免产生测量误差。

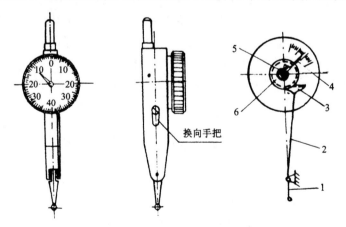

图 2-10 杠杆百分表

1-测量杆 2-杠杆 3-扇形齿轮 4-指针 5-游丝 6-小齿轮

杠杆百分表的分度值为 0.01mm,示值范围一般为 ±0.4mm 或 ±0.5mm。

(四) 测量原理

图 2—11 所示为被测工件的简图,图中 `⌯ t₄ c` 表示槽宽(90±0.1)mm 的槽面的中心平面对箱体左、右两侧面的中心平面的对称度公差为 t_4 mm。测量时,应分别测量左槽面到左侧面和右槽面到右侧面的距离,并取对应的两个距离之差中绝对值最大的数值作为对称度误差。

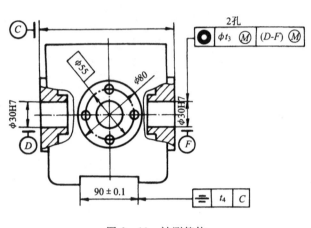

图 2—11 被测箱体

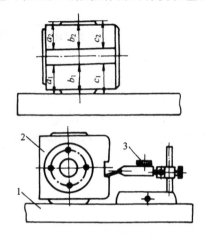

图 2—12 对称度测量
1—平板 2—箱体 3—杠杆百分表

(五) 测量步骤

(1) 如图 2—12 所示,将被测箱体 2 的左侧面置于平板 1 上,将杠杆百分表 3 的换向手把朝上拨,调整百分表 3 的位置使测杆平行于左槽面,让测头与左槽面接触,并将表针顶压半圈。

(2) 分别测量槽面上三处高度 a_1,b_1,c_1,记下读数 M_{a1},M_{b1},M_{c1} 值。

(3) 将箱体右侧面置于平板上,百分表 3 仍保持原有高度,再分别测量右槽面上三处高度 a_2,b_2,c_2,记下读数 M_{a2},M_{b2},M_{c2} 值。则各对应点的对称度误差分别为

$$f_a = \mid M_{a1} - M_{a2} \mid; \quad f_b = \mid M_{b1} \mid - \mid M_{b2} \mid; \quad f_c = \mid M_{c1} \mid - \mid M_{c2} \mid。$$

取其中的最大值作为槽面对两侧面的对称度误差 $f_⌯$。

(4) 根据测量结果 $f_⌯$ 值判断合格性。若 $f_⌯ \leqslant t_4$,则该工件合格。

(六) 思考题

(1) 在对称度误差测量中,当测量左槽面后换测右槽面时,百分表为什么要保持原有高度?

(2) 在对称度误差测量过程中,基准是如何体现的?

实验 2—5 端面圆跳动和径向全跳动的测量

(一) 实验目的

(1) 掌握圆跳动和全跳动误差的测量方法。

(2) 加深对圆跳动和全跳动误差和公差概念的理解。

（二）实验内容

用指示表在跳动检查仪上测量工件的端面圆跳动和径向全跳动。

（三）计量器具说明

本实验所用仪器为跳动检查仪,计量器具说明见实验五的实验 5－2(齿轮齿圈径向跳动测量)。

（四）测量原理

如图 2－13 所示,图(a)为被测齿轮毛坯简图,齿坯外圆对基准孔轴线 A 的径向全跳动公差值为 t_1,右端面对基准孔轴线 A 的端面圆跳动公差值为 t_2。如图(b)所示,测量时,用心轴模拟基准轴线 A,测量 ϕd 圆柱面上各点到基准轴线的距离,取各点距离中最大差值作为径向全跳动误差;测量右端面上某一圆周上各点至垂直于基准轴线的平面之间的距离,取各点距离的最大差值作为端面圆跳动误差。

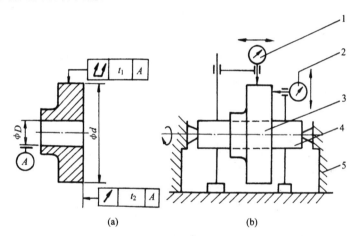

图 2－13　测量原理示意图

1—指示表　2—指示表　3—被测件　4—心轴　5—跳动检查仪

（五）测量步骤

（1）图 2－13(b)为测量示意图,将被测工件装在心轴 4 上,并安装在跳动检查仪 5 的两顶尖之间。

（2）调节指示表 2,使测头与工件右端面接触,并有 1～2 圈的压缩量。

（3）将被测工件回转一周,指示表 2 的最大读数与最小读数之差即为所测直径上的端面圆跳动误差。测量若干直径(可根据被测工件直径的大小适当选取)上的端面圆跳动误差,取其最大值作为该被测要素的端面圆跳动误差 f_t。

（4）调节指示表 1,使测头与工件 ϕd 外圆表面的最高点接触,并有 1～2 圈的压缩量。

（5）将被测工件缓慢回转,并沿轴线方向作直线移动,使指示表测头在外圆的整个表面上划过,记下表上指针的最大读数与最小读数。取两读数之差值作为该被测要素的径向全跳动误差 f_{zt}。

（6）根据测量结果，判断合格性。若 $f_{\prime} \leqslant t_2$，$f_{\prime\prime} \leqslant t_1$，则零件合格。

（六）思考题

（1）心轴插入基准孔内起什么作用？

（2）圆跳动、全跳动测量与圆度、圆柱度误差测量有何异同？

实验三　表面粗糙度的测量

实验 3－1　用光切显微镜测量表面粗糙度

（一）实验目的

（1）了解用光切显微镜测量表面粗糙度的原理和方法。

（2）加深对微观不平度十点高度 R_z 的理解。

（二）实验内容

用光切显微镜测量零件表面的微观不平度十点高度 R_z。

（三）计量器具说明

光切显微镜可测量表面的微观不平度十点高度 R_z。9J 型光切显微镜外形结构如图 3－1 所示,整个光学系统装在一个封闭的壳体 9 内,其上装有目镜 7 和可换物镜组 12。可换物镜组有 4 组,可按被测表面粗糙度大小选用。并由手柄 10 借助弹簧力固紧。

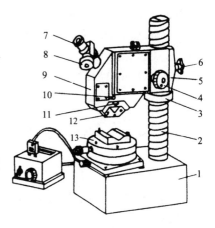

图 3－1　光切显微镜
1—底座　2—立柱　3—粗调螺母
4—微调手轮　5—横臂　6—锁紧旋手
7—目镜　8—目镜千分尺　9—壳体
10—手柄　11—滑板　12—可换物镜组
13—工作台

（四）测量原理

光切显微镜的测量原理如图 3－2 所示。光学系统由两个互成 90°的光管组成,一个为照明光管,另一个为观察光管。从光源 1 发出的光,经聚光镜 2、狭缝 3 和物镜 4 后,变成一扁平光束,以 45°倾角的方向投射到被测表面 8 上。再经被测表面反向,通过物镜 5,在目镜视场中

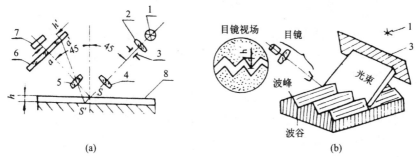

(a)　　　　　　　　　　　　(b)

图 3－2　光切显微镜的测量原理
1—光源　2—聚光镜　3—狭缝　4、5—物镜　6—分划板　7—目镜　8—被测表面

21

可以看到一条狭亮光带,光带的边缘为经过放大了的、光束与被测表面相交的廓线(即被测表面在45°斜向截面上的轮廓线)。也就是被测表面的波峰 S 与波谷 S' 通过物镜 5 分别成像在分划板 6 上的 a 和 a' 点,因此从 a 和 a' 点之间的距离可以求出被测表面不平度 h。

$$h = \frac{h'}{V}\cos45° \tag{3-1}$$

式中　V——物镜实际放大倍数,可通过仪器所附的一块"标准玻璃刻度尺"来确定;

　　　h'——目镜中的影像高度可用测微目镜千分尺测出。

如图 3-3 所示,测量时调节目镜千分尺,使十字线的一条水平线与光带边缘最高点相切,记下读数,然后再调节目镜千分尺,使水平线与同一条光带边缘最低点相切,再次读数。由于读数是在测微目镜千分尺轴线(与十字线的水平线成45°)方向测的,因此两次读数差 a 与目镜中影像 h' 的关系为

$$h' = a\cos45° \tag{3-2}$$

将式(3-2)代入式(3-1)得

$$h = \frac{a}{V}\cos45° \cdot \cos45° = \frac{a}{2V} \tag{3-3}$$

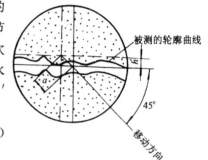

图 3-3　调节目镜千分尺

要注意测量 a 值时,应选择两条光带中比较清晰的一条边缘进行测量,不要把光带宽度测量进去。

(五) 测量步骤

(1)根据被测工件表面粗糙度的要求,按表 3-1 选择合适的物镜组插在滑板 11 上,拆下物镜时应按下手柄 10,插入所需的物镜后,放松手柄即可。

表 3-1

物镜放大倍数 N	总放大倍数	视场直径(mm)	物镜工作距离(mm)	测量范围 R_z(μm)
7X	60X	2.5	17.8	10~80
14X	120X	1.3	6.8	3.2~10
30X	260X	0.6	1.6	1.6~6.3
60X	520X	0.3	0.65	0.8~3.2

(2)将被测工件放在工作台 13 上,转动工作台,使要测量的截面方向与光带方向平行,未指明截面时,一般尽可能使表面加工纹理方向与光带方向垂直。对于圆柱形或锥形工作物可放在工作台上的 V 形块上。

(3)接通电源,松开锁紧旋手 6,转动粗调螺母 3,进行显微镜的粗调焦;旋转微调手轮 4,进行显微镜的精细调焦,使目镜视场中出现最清晰的狭亮光带和表面轮廓像。

(4)松开目镜千分尺 8 上的螺钉,转动目镜千分尺,使分划板上十字线的一条水平线(称为横线)与光带方向大致平行(此线代替平行于轮廓中线的直线)。此时目镜内分划板运动方向与光带成45°,锁紧螺钉。

(5)进行测量:调节目镜千分尺,使横线与表面轮廓影像的清晰边界在取样长度 l 的范围

内与五个最高点(峰)依次相切,记下读数值 $H_{p1}, H_{p2}, \cdots, H_{p5}$(见图3-4);再移动横线与同一轮廓影像的五个最低点(谷)依次相切,记下读数值 $H_{v1}, H_{v2}, \cdots, H_{v5}$(见图3-4)。$H_{pi}$ 和 H_{vi} 数值是相对于某一基准线(平行于轮廓中线)的高度。设中线 m 到基准线的高度为 H,则 $y_{pi} = H_{pi} - H$,$y_{vi} = H - H_{vi}$ 代入公式:

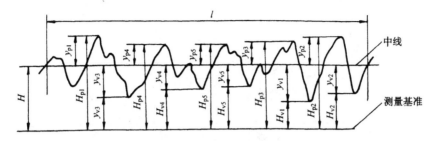

图3-4 表面微观轮廓的高度

$$R_z = \frac{1}{5} \left(\sum_{i=1}^{5} y_{pi} + \sum_{i=1}^{5} y_{vi} \right)$$

化简得

$$R_z = \frac{1}{5} \sum_{i=1}^{5} (H_{pi} - H_{vi})$$

将记下的读数代入上式即可得微观不平度十点高度 R_z。

(6) 纵向移动工作台,按上述方法,测出评定长度范围内 n 个取样长度上的 R_z 值,并取平均值,即可得所测表面的微观不平度十点高度 R_z。

$$R_z = \sum_{i=1}^{n} R_{zi} / n$$

(六)思考题

(1) 为什么测量时只测光带同一边界上的最高点(峰)和最低点(谷)?

(2) 是否可用光切显微镜测出 R_y 和 R_a 值?

实验3-2 用干涉显微镜测量表面粗糙度

(一)实验目的

(1) 了解用干涉显微镜测量表面粗糙度的原理和方法。

(2) 加深对微观不平度十点高度 R_z 和轮廓最大高度 R_y 的理解。

(二)实验内容

用干涉显微镜测量表面粗糙度的 R_z 值和 R_y 值。

(三)计量器具说明

图3-5为6JA型干涉显微镜的外观图,它的外壳是方箱。箱内安装光学系统,箱后下部

伸出光源部件4;箱后上部伸出参考平镜及其调节的部件3;箱前上部伸出观察管,其上装目镜千分尺1;箱前下部窗口装有照相机5;箱的两边有各种调整用的手轮;箱的上部是圆工件台2,它可水平移动、转动和上下移动。

对小工件,将被测表面向下放在圆工作台上测量;对大工件,可将仪器倒立放在工件的被测表面上进行测量。

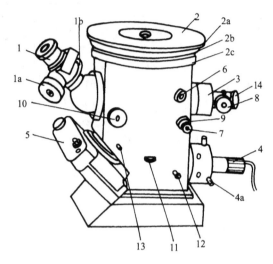

图3—5　6JA型干涉显微镜

1—目镜千分尺　1a—刻度筒　1b—螺钉　2—圆工作台　2a—移动圆台的滚花环
2b—转动圆台的滚花环　2c—升降圆台的滚花环　3—参考镜部件　4—光源　4a—调节螺钉
5—照相机　6—转遮光板手轮　7、8、9、14—干涉带调节手轮　10—目视或照相的转换手轮
11—光阑调节手轮　12—滤光片手柄　13—固紧照相机的螺钉

（四）测量原理

干涉显微镜是利用光波干涉原理来测量表面粗糙度,图3—6为其光学系统图。由光源1发出的光束,通过聚光镜2,4,8(3是滤色片),经分光镜9分成两束。其中一束经补偿板10、物镜11至被测表面18,再经原光路返回至分光镜9,反射至目镜19。另一光束由分光镜9反

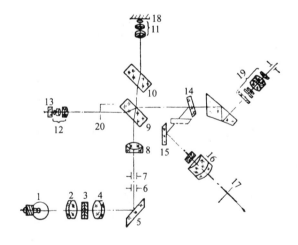

图3—6　干涉显微镜的光学系统图

24

射（遮光板 20 移出），经物镜 12 射至参考镜 13 上，再由原光路返回，并透过分光镜 9，也射向目镜 19。两路光束相遇叠加产生干涉，通过目镜 19 来观察。由于被测表面有微小的峰、谷存在，峰、谷处的光程不一样，造成干涉条纹的弯曲。相应部位峰、谷的高度差 h 与干涉条纹弯曲量 a 和干涉条纹间距 b 有关，如图 3—7 所示，其关系式为

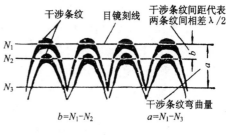

图 3—7

$$h = \frac{a}{b} \cdot \frac{\lambda}{2}$$

式中　λ 为测量中的光波波长。本实验就是利用测量干涉条纹弯曲量 a 和干涉条纹间距 b 来确定 R_z 和 R_y 值。

（五）测量步骤

1. 调节仪器（参看图 3—5）

（1）开亮灯泡，将手轮 10 转到目视位置，使图 3—6 中反射镜 14 向下转（若需照相再转回来）。转动手轮 6 使图 3—6 中的遮光板 20 转出光路。旋转螺钉 4a 调整灯泡位置，使视场亮度均匀。旋转手轮 8，使目镜视场中弓形直边清晰，如图 3—8 所示。

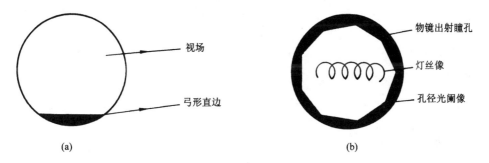

图 3—8

(a) 弓形直边图　(b) 弓形直边图

（2）在工作台上放置好洗净的工件。被测表面向下，朝向物镜。转动手轮 6，使遮光板 20 转入光路。转动滚花轮 2c，使工作台升降直到目镜视场中观察到清晰的工件表面加工痕迹为止。再转动手轮 6，使遮光板转出光路。

（3）松开螺钉 1b，取下目镜千分尺 1，从观察管中可以看到两个灯丝像。转动手轮 11，使图 3—6 中的孔径光阑 6 开至最大。转动手轮 7 和 9，使两个灯丝像完全重合，同时调节螺钉 4a，使灯丝像位于孔径光阑中央，如图 3—8(b) 所示。然后装上目镜千分尺，旋紧固紧螺钉 1b，转目镜上滚花环看清十字线。

（4）将手柄 12 推到底，使滤色片 3（图 3—6）插入光路，在目镜视场中就会出现单色的干涉条纹。微转手轮 14，使条纹清晰。将手柄 12 向右推到底，使滤色片退出光路，目镜视场中就会出现彩色的干涉条纹，用其中仅有的两条黑色条纹进行测量。转动手轮 7 和 9 以及手轮 8 和 14，可以调节干涉条纹的亮度和宽度。转动滚花环 2b 以旋转圆台，使要测量的截面与干涉条纹方向平行，未指明截面时，则使表面加工方向与干涉条纹方向垂直。

2. 测量轮廓的峰谷高度

（1）选择光色。当被测表面粗糙度数值较大而加工痕迹又不很规则时，采用白光，因为白光干涉成彩色条纹，其中零次干涉条纹可清晰地显示出条纹的弯曲情况，便于观察和测量。精密测量时，采用单色光，本仪器用绿色光。

（2）选取样长度。估计被测表面的 R_z 值，选取取样长度。6JA 型干涉显微镜的物镜视场为 0.25mm，在 $R_z \geqslant 0.025 \sim 0.50 \mu m$ 时可在一个视场内测量，但若 $R_z > 0.5 \sim 0.8 \mu m$，取样长度为 0.8mm 时，则必须移动工作台在 3 个视场内测量。

（3）测量干涉条纹间距。松开螺钉 1b，转动目镜千分尺，使目镜视场中的一条线与整个干涉条纹的方向平行，以体现轮廓中线，拧紧螺钉 1b，以后测量时就用该线做为瞄准线。

转动刻度筒 1a，使瞄准线对准一条干涉条纹峰顶中心（图 3-7），这时在刻度筒上的读数为 N_1，然后再对准相邻的另一条干涉条纹峰顶中心，读数为 N_2，则干涉条纹间距为

$$b = N_1 - N_2$$

（4）测量干涉条纹弯曲量。瞄准线对准一条干涉条纹峰顶中心读数 N_1 后，移动瞄准线，对准同一条干涉条纹谷底中心，读数为 N_3。（$N_1 - N_3$）即为干涉条纹弯曲量 a，按微观不平度十点高度 R_z 的定义，在取样长度范围内依次测量同一条干涉条纹的 5 个最高峰和 5 个最低谷，则这个干涉条纹弯曲量的平均值为

$$\bar{a} = \frac{\displaystyle\sum_{i=1}^{5} N_{1i} - \sum_{i=1}^{5} N_{3i}}{5}$$

最大弯曲量为 $a_{max} = \mid N_{1max} \mid - \mid N_{3min} \mid$ 或 $\mid N_{1min} \mid - \mid N_{3max} \mid$

则微观不平度十点高度 R_z 为

$$R_z = \frac{\bar{a}}{b} \cdot \frac{\lambda}{2}$$

轮廓最大高度 R_y 为：

$$R_y = \frac{a_{max}}{b} \cdot \frac{\lambda}{2}$$

式中　λ 为所用光的波长，采用白光时，$\lambda = 0.57$mm。采用单色光时，按仪器所附滤色片检定书载明的波长取值。

3. 判断合格性

在评定长度内，依次测量五个取样长度内的 R_{zi} 和 R_{yi}，并求出平均值作为测得值，若 R_z 和 R_y 不超出允许值，则可判断该表面的粗糙度合格。

（六）思考题

干涉显微镜与光切显微镜的测量范围有何不同，为什么？

实验四 螺纹的测量

实验4—1 用三针法测量外螺纹中径

(一)实验目的

熟悉三针法测量外螺纹中径的原理和方法。

(二)实验内容

用三针法测量外螺纹中径。

(三)计量器具说明

本实验采用杠杆千分尺来测量(见图4—1)。

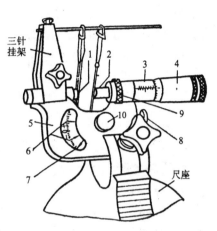

图4—1 杠杆千分尺
1—活动量砧 2—测杆 3—刻度套管
4—微分筒 5—尺体 6—指标 7—指示表
8—按钮 9—锁紧环 10—罩盖

杠杆千分尺的测量范围有 $0\sim25,25\sim50,50\sim75,$ $75\sim100$ 四种单位为 mm,分度值为 0.001mm。它有一个活动量砧 1,其移动量由指示表 7 读出。测量前将尺体 5 装在尺座上,然后校对千分尺的零位,使刻度套管 3、微分筒 4 和指示表 7 的示值都分别对准零位。测量时,当被测螺纹放入或退出两个量砧之间时,必须按下右侧的按钮 8 使量砧离开,以减少量砧的磨损。在指示表 7 上装有两个指标 6,用来确定被测螺纹中径上、下偏差的位置,以提高测量效率。

(四)测量原理

图4—2为用三针测量外螺纹中径的原理图,这是一种间接测量螺纹中径的方法。测量时,将三根精度很高、直径相同的量针放在被测螺纹的牙槽中,用测量外尺寸的计量器具如千分尺、机械比较仪、光较仪、测长仪等测量出尺寸 M。再根据被测螺纹的螺距 P、牙型半角 $\frac{\alpha}{2}$ 和量针直径 d_{m},计算出螺纹中径 d_2。由图4—2可知:

$$d_2 = M - 2AC = M - 2(AD - CD)$$

而

$$AD = AB + BD = \frac{d_{\mathrm{m}}}{2} + \frac{d_{\mathrm{m}}}{2\sin\frac{\alpha}{2}} = \frac{d_{\mathrm{m}}}{2}\left(1 + \frac{1}{\sin\frac{\alpha}{2}}\right)$$

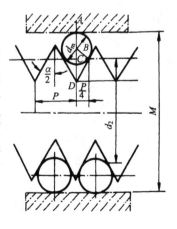

图4—2 测量原理图

$$CD = \frac{P\cot\dfrac{\alpha}{2}}{4}$$

将 AD 和 CD 值代入上式，得 $d_2 = M - d_\mathrm{m}\left[1 + \dfrac{1}{\sin\dfrac{\alpha}{2}}\right] + \dfrac{P}{2}\cot\dfrac{\alpha}{2}$

对于公制螺纹，$\alpha = 60°$，则

$$d_2 = M - 3d_\mathrm{m} + 0.866P$$

为了减少螺纹牙形半角误差对测量结果的影响，应选择合适的量针直径，该量针与螺纹牙形的切点恰好位于螺纹中径处。此时所选择的量针直径 d_m 为最佳量针直径。如图 4—3 可知：

$$d_\mathrm{m} = \frac{P}{2\cos\dfrac{\alpha}{2}}$$

对公制螺纹 $\alpha = 60°$，则

$$d_\mathrm{m} = 0.577P$$

在实际工作中，如果成套的三针中没有所需的最佳量针直径时，可选择与最佳量针直径相近的三针来测量。

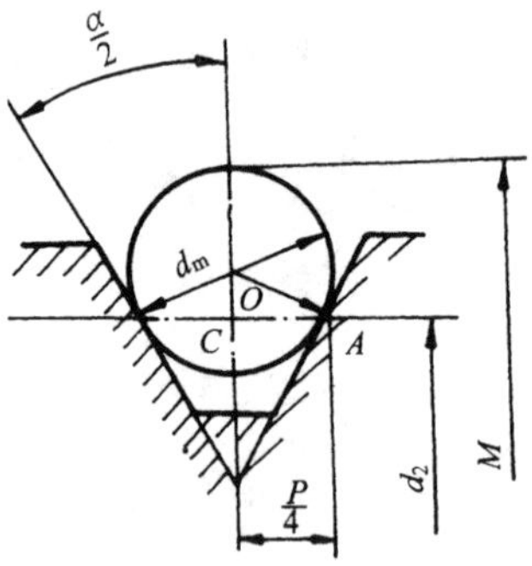

图 4—3　最佳量针直径

量针的精度分成 0 级和 1 级两种：0 级用于测量中径公差为 $4\sim 8\mu m$ 的螺纹塞规；1 级用于测量中径公差大于 $8\mu m$ 的螺纹塞规或螺纹工件。

（五）测量步骤

（1）根据被测螺纹的螺距，计算并选择最佳量针直径 d_m。

（2）在尺座上安装好杠杆千分尺和三针。

（3）擦净仪器和被测螺纹，校正仪器零位。

（4）将三针放入螺纹牙槽中，旋转杠杆千分尺的微分筒 4，使两端测头 1，2 与三针接触，然后读出尺寸 M 的数值（图 4—2）。

（5）在同一截面相互垂直的两个方向上测出尺寸 M，并按平均值计算螺纹中径，然后判断螺纹中径的合格性。

（六）思考题

（1）用三针测量螺纹中径时，有哪些测量误差？

（2）用三针测量的中径是作用中径还是单一中径？

（3）用三针法测量螺纹中径属于哪一种测量方法？为什么要选用最佳量针直径？

实验 4—2　用螺纹千分尺测量外螺纹中径

（一）实验目的

熟悉用螺纹千分尺测量外螺纹中径的原理和方法。

（二）实验内容

用螺纹千分尺测量外螺纹中径。

（三）计量器具说明

螺纹千分尺又称插头千分尺。螺纹千分尺的分度值为0.01mm。螺纹千分尺的测量范围为0～25,25～50,50～75,75～100等,单位为mm。

螺纹千分尺的结构形式,如图4－4所示。螺纹千分尺的结构与外径千分尺相似,只是测量头不同。测量前,用尺寸样板3调整零位。测砧和测微螺杆端部各有一个小孔,用于插入不同的测头。螺纹千分尺的V形测头2和锥形测头1应按测头上的标志配对使用。60°测头用于测量普通螺纹。测量普通螺纹中径时,应根据螺纹的螺距,并根据表4－1,选用相应规格的测头。

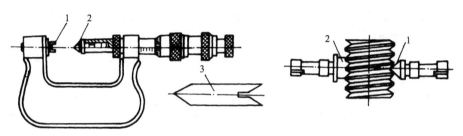

图4－4　螺纹千分尺
1、2—测量头　3—尺寸样板

表4-1

测头标志	1M	2M	3M	4M	5M	6M
适用测量的螺距范围(mm)	0.4～0.6	0.6～1	1～1.75	1.75～3	3～5	5～7.5

（四）测量原理

螺纹千分尺测量外螺纹中径时,每对测量头只能测量一定螺距范围内的螺纹,使用时根据被测螺纹螺距大小,按表4－1来选择测头。测量时由螺纹千分尺直接读出螺纹中径的实际尺寸。

（五）测量步骤

（1）根据被测螺纹的螺距,选取一对测量头。

（2）擦净仪器和被测螺纹,校正螺纹千分尺零位。

（3）将被测螺纹放入两测量头之间,找正中径部位。

（4）分别在同一截面相互垂直的两个方向上测量螺纹中径。取它们的平均值作为螺纹的实际中径,然后判断被测螺纹中径的合格性。

（六）思考题

用螺纹千分尺测量螺纹中径时,为什么不同的螺纹螺距要选用不同的测头?

实验4－3 用工具显微镜测量螺纹各要素

（一）实验目的

（1）了解工具显微镜的测量原理及结构特点。
（2）熟悉工具显微镜测量外螺纹主要参数的方法。

（二）实验内容

用工具显微镜测量螺纹塞规的中径、牙型半角和螺距。

（三）计量器具说明

工具显微镜有小型、大型、万能和重型等四种型式。它们的测量精度和测量范围虽各不相同，但基本原理是相似的。

图4－5为大型工具显微镜的外形图，它主要由目镜1、工作台5、底座7、支座12、立柱13、悬臂14和千分尺6,10等部分组成。转动手轮11,可使立柱绕支座左右摆动，转动千分尺6和10,可使工作台纵、横向移动，转动手轮8,可使工作台绕轴心线旋转。

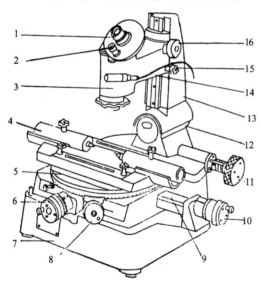

图4－5　大型工具显微镜

1—目镜　2—角度目镜　3—横臂　4—顶针　5—工作台
6,10—千分尺　7—底座　8,11—滚花轮　9—量块
12—支座　13—立柱　14—悬臂　15—螺钉　16—手轮

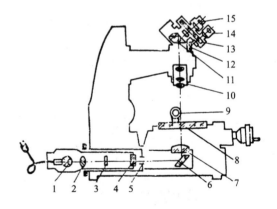

图4－6　光学系统图

1—光源　2—聚光镜　3—滤色片　4—透镜　5—光阑
6—反射镜　7—透镜　8—工作台　9—被测工件　10—物镜
11—反射棱镜　12—反射镜　13—焦平面　14、15—目镜

仪器的光学系统如图4-6所示。由主光源1发出的光经聚光镜2、滤色片3、透镜4、光阑5、反射镜6,透镜7和玻璃工作台8,将被测工件9的轮廓经物镜10、反射棱镜11投射到目镜的焦平面13上,从而在目镜15中观察到放大的轮廓影像。另外,也可用反射光源,照亮被测工件,以工件表面上的反射光线,经物镜10、反射棱镜11投射到目镜的焦平面13上,同样在目镜15中观察到放大的轮廓影像。

图4-7(a)为仪器的目镜外形图,它由玻璃分划板、中央目镜、角度读数目镜、反射镜和手轮等组成。目镜的结构原理如图4-7(b)所示,从中央目镜可观察到被测工件的轮廓影像和分划板的米字刻线(图4-7(c))。从角度读数目镜中,可以观察到分划板上$0°\sim360°$的度值刻线和固定游标分划板上$0'\sim60'$的分值刻线(图4-7(d))。转动手轮,可使刻有米字刻线和度值刻线的分划板转动,它转过的角度,可从角度读数目镜中读出。当该目镜中固定游标的零刻线与度值刻线的零位对准时,则米字刻线中间虚线$A-A$正好垂直于仪器工作台的纵向移动方向。

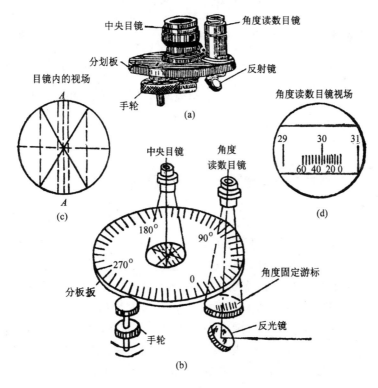

图4-7 目镜及读数示例

(四) 测量原理

用工具显微镜测量螺纹的方法有影像法,轴切法,干涉带法等。通常采用影像法,其原理是用工具显微镜目镜中网线瞄准螺纹牙廓的影像进行测量。如图4-8(a)所示,所测螺纹是右旋螺纹,光线自下向上照亮外螺纹的表面,并顺着螺旋槽射入显微镜,显微镜将螺纹牙廓放大成像在目镜中。当光线左倾ψ角并沿螺纹前边牙槽向上,则在目镜中看到螺纹前边在截面AB上的牙廓影像;当光线右倾ψ角并沿螺纹后牙槽向上,则在目镜中看到螺纹后边在截面$A'B'$上的牙廓影像。

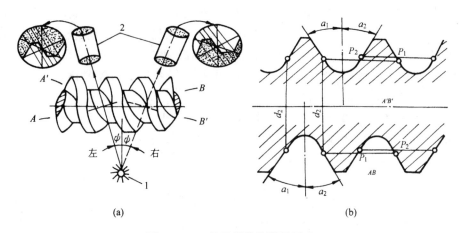

(a)　　　　　　　　　　　　　　(b)

图 4—8　工具显微镜的测量原理

（a）光线穿过螺纹槽　（b）螺纹牙廓的影像

1—光源　2—螺微镜　ψ—螺旋升角

以后用工具显微镜中的角度盘和长度尺来测量螺纹影像。测量牙侧与螺纹轴线的垂直线之间的夹角得左、右牙型半角 $\frac{\alpha_1}{2}$ 和 $\frac{\alpha_2}{2}$；沿平行于螺纹轴线方向，测量相邻两牙侧之间的距离得螺距 P；沿单线螺纹轴线的垂直方向测量螺纹轴线两边牙侧之间的距离得螺纹中径 d_2（图 4—8(b)）。

（五）测量步骤

（1）擦净仪器及被测螺纹，将工件小心地安装在两顶尖之间，拧紧顶尖的固紧螺钉（要防止工件掉下砸坏工作台）。

（2）接通电源。

（3）用调焦筒（仪器专用附件）调节主光源 1（图 4—6），旋转主光源外罩上的三个调节螺钉，直至灯丝位于光轴中央成像清晰，则表示灯丝已位于光轴上并在聚光镜 2 的焦点上。

（4）根据被测螺纹尺寸，从仪器说明书中，查出适宜的光阑直径，然后调好光阑的大小。

（5）旋转手轮 11（图 4—5），按被测螺纹的螺旋升角 ψ，调整立柱 13 的倾斜度。

（6）调整目镜 14,15 上的调节环（图 4—6），使米字刻线和度值、分值刻线清晰。松开螺钉 15（图 4—5），旋转手柄 16，调整仪器的焦距，使被测轮廓影像清晰（若要求严格，可用专用的调焦棒在两顶尖中心线的水平面内调焦）。然后，旋紧螺钉 15。

（7）测量螺纹主要参数。

1）测量中径

螺纹中径是一个假想圆柱的直径，该圆柱的素线通过牙型上沟槽和凸起宽度相等的地方。对于单线螺纹，它的中径也等于在轴截面内，沿着与轴线垂直的方向量得的两个相对牙形侧面间的距离。

为了使轮廓影像清晰，需将立柱顺着螺旋线方向倾斜一个螺旋升角 ψ，其值按下式计算：

$$\tan\psi = \frac{nP}{\pi d_2}$$

式中　P——螺距(mm)；

d_2——中径公称值(mm);

n——线数。

测量时,转动纵向千分尺 10 和横向千分尺 6(图 4—5),以移动工作台,使目镜中的米字虚线 A—A 与螺纹投影牙形的一侧重合(图 4—9),记下横向千分尺的第一次读数。然后,将显微镜立柱反向倾斜螺旋升角 ψ,转动横向千分尺,使 A—A 虚线与对面牙形轮廓重合(图 4—9),记下横向千分尺第二次读数。两次读数之差,即为螺纹的实际中径。为了消除被测螺纹安装误差的影响,需测出 $d_{2左}$ 和 $d_{2右}$,取两者的平均值作为实际中径:

$$d_{2实际} = \frac{d_{2左} + d_{2右}}{2}$$

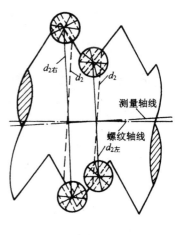

图 4—9

2) 测量牙型半角

螺纹牙型半角 $\frac{\alpha}{2}$ 是指在螺纹牙形上,牙侧与螺纹轴线的垂线间的夹角。

测量时,转动纵向和横向千分尺并调节手轮(图 4—7),使目镜中的 A—A 虚线与螺纹投影牙型的某一侧面重合(图 4—10)。此时,角度读数目镜中显示的读数,即为该牙侧的半角数值。

在角度读数目镜中,当角度读数为 $0°0'$ 时,则表示 A—A 虚线垂直于工作台纵向轴线(图 4—11(a))。当 A—A 虚线与被测螺纹牙形边对准时,如图 4—11(b)所示,得该半角的数值为

$$\frac{\alpha}{2}(右) = 360° - 330°4' = 29°56'$$

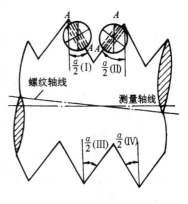

图 4—10

同理,当 A—A 虚线与被测螺纹牙形另一边对准时,如图 4—11(c)所示,则得另一半角的数值

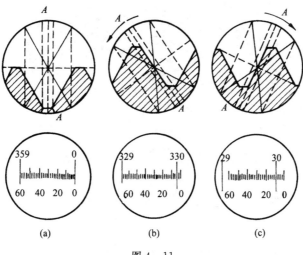

(a)   (b)   (c)

图 4—11

33

为

$$\frac{\alpha}{2}(左) = 30°8'$$

为了消除被测螺纹的安装误差的影响,需分别测出 $\frac{\alpha}{2}(Ⅰ)$、$\frac{\alpha}{2}(Ⅱ)$、$\frac{\alpha}{2}(Ⅲ)$、$\frac{\alpha}{2}(Ⅳ)$ 如图 4—10 所示,并按下述方式处理:

$$\frac{\alpha}{2}(左) = \frac{\frac{\alpha}{2}(Ⅱ) + \frac{\alpha}{2}(Ⅳ)}{2}$$

$$\frac{\alpha}{2}(右) = \frac{\frac{\alpha}{2}(Ⅰ) + \frac{\alpha}{2}(Ⅲ)}{2}$$

将它们与牙形半角公称值$\left(\frac{\alpha}{2}\right)$比较,则得牙形半角误差为

$$\Delta\frac{\alpha}{2}(左) = \frac{\alpha}{2}(左) - \frac{\alpha}{2}$$

$$\Delta\frac{\alpha}{2}(右) = \frac{\alpha}{2}(右) - \frac{\alpha}{2}$$

$$\Delta\frac{\alpha}{2} = \frac{\left|\Delta\frac{\alpha}{2}(左)\right| + \left|\Delta\frac{\alpha}{2}(右)\right|}{2}$$

为了使轮廓影像清晰,测量牙形半角时,同样要使立柱倾斜一个螺旋升角 ψ。

3) 测量螺距

螺距 P 是指相邻两牙在中径线上对应两点间的轴向距离。

测量时,转动纵向和横向千分尺,以移动工作台,利用目镜中的 A—A 虚线与螺纹投影牙形的一侧重合,记下纵向千分尺第一次读数。然后,移动纵向工作台,使牙形纵向移动几个螺距的长度,以同侧牙形与目镜中的 A—A 虚线重合,记下纵向千分尺第二次读数。两次读数之差,即为 n 个螺距的实际长度(图 4—12)。

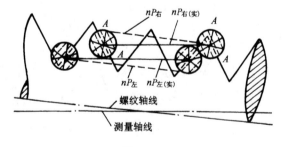

图 4—12

为了消除被测螺纹安装误差的影响;同样要测量出 $nP_{左(实)}$ 和 $nP_{右(实)}$。然后,取它们的平均值作为螺纹 n 个螺距的实际尺寸:

$$nP_{实} = \frac{nP_{左(实)} + nP_{右(实)}}{2}$$

n 个螺距的累积误差为:

$$\Delta P = nP_{实} - nP$$

（8）按图样给定的技术要求，判断被测螺纹的合格性。

（六）思考题

（1）用影像法测量螺纹时，立柱为什么要倾斜一个螺旋升角 ψ？

（2）用工具显微镜测量外螺纹的主要参数时，为什么测量结果要取平均值？

实验五　齿轮的测量

实验5-1　齿距误差的测量

（一）实验目的

(1) 学会用相对法测量齿轮的齿距偏差和齿距累积误差。
(2) 加深理解齿距偏差与齿距累积误差的定义及其对齿轮传动使用要求的影响。

（二）实验内容

(1) 用齿距仪或万能测齿仪测量圆柱齿轮各齿距的相对偏差。
(2) 通过数据处理求出齿距偏差 Δf_{pt} 和齿距累积误差 ΔF_p。

（三）计量器具说明

用相对法测量齿距误差的仪器有齿距仪和万能测齿仪。

1. 齿距仪

如图5-1所示是齿距仪的外形图。它有4,5和8三个定
位脚,用以支承仪器。测量时,调整定位脚的相对位置,使测量
头2和3在分度圆附近与齿面接触。固定测量头2的位置按被
测齿轮的模数来调整,活动测量头3通过杠杆与指示表7相连。
相对齿距偏差数值从指示表读出。齿距仪以齿顶圆定位,测量
范围为模数 $m=2\sim16mm$,分度值 $i=0.001mm$ 或 $0.0005mm$。

2. 万能测齿仪

万能测齿仪是应用比较广泛的齿轮测量仪器,除测量圆柱
齿轮的齿距、基节、齿圈径向跳动和齿厚外,还可以测量圆锥齿
轮和蜗轮。其测量基准是内孔。

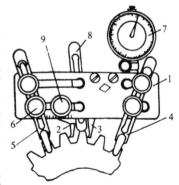

图5-1　齿距仪

图5-2为万能测齿仪的外形图。弧形支架7上的顶针可装齿轮心轴,工作台支架2可以
在水平面内作纵向和横向移动。工作台上的滑板4能够作径向移动,借助锁紧装置3可固定
在任意位置上。松开锁紧装置3,靠弹簧的作用,滑板4能匀速地移到测量位置,进行逐齿测
量。滑板上的测量装置5上带有测头和指示表6。万能测齿仪的测量范围为模数 $m=0.5\sim$
$10mm$,最大直径为150mm,指示表的分度值为 $i=0.001mm$。

（四）测量原理

齿距偏差 Δf_{pt} 是指在分度圆上,实际齿距与公称齿距之差。齿距累积误差 ΔF_p 是指在分
度圆上,任意两个同侧齿面间实际弧长与公称弧长的最大差值。

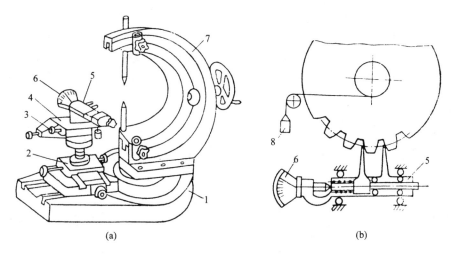

图 5—2　万能测齿仪

　　(a) 外形　　　　　　　　　　　　　(b) 测量齿距

1—底座　2—工作台支架　3—螺钉　4—滑板　5—测量装置　6—指示表　7—弧形支架　8—重锤

　　用相对测量法测量时,是以任意一个齿距为基准,将仪器指示表调至某一示值(通常为零),然后沿整个齿圈依次测量其他齿距对于基准齿距的偏差值(即相对齿距偏差),经数据处理后得出齿距偏差 Δf_{pt} 和齿距累积误差 ΔF_p。

(五) 测量步骤

1. 用齿距仪测量(参看图 5—1)

(1) 将齿距仪放在平板上,将固定测量头 2 按被测齿轮模数调整到模数标尺的相应刻线上,拧紧螺钉 9 固紧。

(2) 将被测齿轮放在平板上,调整定位脚 4 和 5 的位置,使测量头 2 和 3 在齿轮分度圆附近与两相邻同侧齿面接触,处在齿高中部的同一圆周上(使两接触点分别与两齿顶距离接近相等)拧紧螺钉 6 固紧。最后调整辅助定位脚 8,并用螺钉固紧。

(3) 以被测齿轮的任一齿距作为基准齿距,调整指示表的位置,使其有 1~2 圈的压缩量。为读数方便起见,往往将指示表对准零位(也可为任意数值)。然后将测量头稍微移开轮齿,再重新使它们接触,以检查指示表的示值稳定性。这样重复三次,待指示表稳定后,再调节指示表 7 对准零位。

(4) 按顺序逐齿测量各相对齿距偏差,记下各次读数。

2. 用万能测齿仪测量(参看图 5—2)

(1) 将被测齿轮套到心轴上(无间隙),并一起安装在仪器的两顶尖上。

(2) 调整仪器的工作台和测量装置,使两测量头位于齿高中部的同一圆周上,与两相邻同侧齿面接触。在齿轮心轴上挂上重锤 8,使产生测力,让齿面紧靠测头。

(3) 以被测齿轮的任一齿距作为基准齿距,调整指示表的零位。然后将测量头退出与进入被测齿面,反复三次,以检查指示表的示值稳定性。

(4) 按顺序逐齿测量各个齿距,记下读数。

3. 数据处理

齿距偏差和齿距累积误差可以用计算法或作图法确定。计算法较为方便常用,下面举例说明。

为方便起见,可以列成表格形式(表 5—1)。将测得的齿距偏差记入表中第二列,对测得值按顺序逐齿累积、记入第三列。计算基准齿距对公称齿距的偏差。因为第一个齿距是任意选定的,假设它对公称齿距的偏差为 K,以后每测一齿都引入了该偏差 K,K 值为各个齿距相对偏差的平均值,按下式计算:

$$K = \sum_{i=1}^{n} \frac{\Delta f_{pt相对}}{z} = \frac{+5}{10} = 0.5 \mu m$$

将第二列齿距相对偏差分别减去 K 值,记入第四列,其中最大的绝对值,即为该被测齿轮的齿距偏差

$$\Delta f_{pt} = -4.5 \mu m$$

将实际齿距偏差逐一累积记入第五列,该列中最大值与最小值之差即为被测齿轮的齿距累积误差。

$$\Delta F_{p} = (+4) - (-4.5) = 8.5 \mu m$$

表 5—1　齿距偏差及齿距累积误差计算示例(齿数 $z = 10$) 　　　(μm)

一 齿距序号	二 相对齿距偏差读数值 $\Delta f_{pt相对}$	三 读数值累加 $\sum_{1}^{n} \Delta f_{pt相对}$	四 齿　距　偏　差 Δf_{pt}	五 齿距累积误差 ΔF_{p}
1	0	0	-0.5	-0.5
2	$+3$	$+3$	$+2.5$	$+2$
3	$+2$	$+5$	$+1.5$	$+3.5$
4	$+1$	$+6$	$+0.5$	$\boxed{+4}$
5	-1	$+5$	-1.5	$+2.5$
6	-2	$+3$	-2.5	0
7	-4	-1	$\boxed{-4.5}$	$\boxed{-4.5}$
8	$+2$	$+1$	$+1.5$	-3
9	0	$+1$	$+0.5$	-3.5
10	$+4$	$+5$	$+3.5$	0

相对齿距偏差修正值 $K = +\dfrac{z \text{个读数值加值}}{z} = +\left(\dfrac{+5}{10}\right) = +0.5(\mu m)$

测量结果:$\Delta F_{p} = +4 - (-4.5) = 8.5(\mu m)$

$\Delta f_{pt} = -4.5(\mu m)$

4. 合格性判断

根据计算确定的齿距偏差和齿距累积误差与被测齿轮所要求的相应极限偏差或公差值相比较,判断被测齿轮的合格性。

(六) 思考题

(1) 用齿距仪和万能测齿仪测量齿轮齿距时,各选用什么表面作为测量基准? 各有何优点?

(2) 测量第一个齿距时,未将指针调零,会产生什么问题?

实验 5-2　齿轮齿圈径向跳动的测量

（一）实验目的

（1）熟悉测量齿圈径向跳动误差的方法。
（2）加深理解齿圈径向跳动误差的定义。

（二）实验内容

用齿圈径向跳动检查仪测量齿轮的齿圈径向跳动误差 ΔF_r。

（三）计量器具说明

测量齿圈径向跳动误差可用齿圈径向跳动检查仪、万能测齿仪等测量。

图 5-3 为跳动检查仪的外形图。被测齿轮与心轴一起装在两顶针之间,两顶针架装在滑板 2 上。转动手轮 3,可使滑板作纵向移动。扳动提升手柄 9,可使指示表放下进入齿槽或抬起退出齿槽。该仪器可测模数为 0.3~5mm 的齿轮。为了测量各种不同模数的齿轮,仪器备有不同直径的球形测量头。

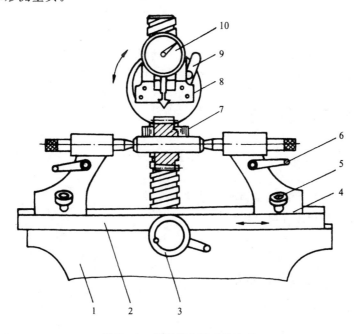

图 5-3　齿圈径向跳动检查仪

1—底座　2—滑板　3—纵向移动手轮　4—顶尖座　5—顶尖座锁紧手轮　6—顶尖锁紧手柄　7—升降螺母　8—指示表架　9—指示表提升手柄　10—指示表

（四）测量原理

齿圈径向跳动误差 ΔF_r 是指在齿轮一转范围内,测头在齿槽内或轮齿上,于齿高中部双面接触,测头相对于齿轮轴线的最大变动量。如图 5-4 所示。

为了使测头球面在被测齿轮的分度圆附近与齿面接触，球形测头的直径 d_p 应按下式选取：

$$d_p = 1.68m$$

式中　m 为齿轮模数（mm）。

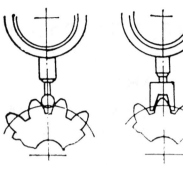

图 5—4　测量原理

（五）测量步骤

（1）根据被测齿轮的模数，选择适当的球形测头装入指示表 10 的测量杆下端。

（2）将被测齿轮和心轴装在仪器的两顶尖之间，拧紧顶尖座锁紧手轮 5 和顶尖锁紧手柄 6。

（3）旋转手轮 3，调整滑板 2 位置，使球形测量头位于齿宽中部。借升降螺母 7 和提升手柄 9，使指示表下降，直至测头伸入齿槽内且与齿面接触。调整指示表 10，使其指针压缩约 1～2 圈，拧紧表架后面的紧固旋钮。

（4）球形测头伸入齿槽最下方即可读数，每测完一齿，抬起提升手柄 9，使球形测头离开齿面，转动心轴使被测齿轮转过一齿。放下提升手柄，则测头进入第二个齿槽与齿面接触，以此类推，逐齿测量并记录指示表的读数。

（5）根据齿轮的技术要求，查出齿圈径向跳动公差 F_r，判断被测齿轮的合格性。

（六）思考题

（1）为什么测量齿圈径向跳动时，要根据齿轮的模数不同，选用不同直径的球形测头？

（2）齿圈径向跳动误差产生的原因是什么？它对齿轮传动有什么影响？

实验 5—3　齿轮齿厚偏差的测量

（一）实验目的

（1）学会用齿厚游标卡尺测量齿轮齿厚的方法。

（2）加深对齿轮齿厚偏差含义的理解。

（二）实验内容

用齿厚游标卡尺测量齿轮的齿厚偏差。

（三）计量器具说明

图 5—5 所示为测量齿厚偏差的齿厚游标卡尺。它由两套互相垂直的游标尺组成。垂直游标卡尺用来控制测量部位（分度圆至齿顶圆）的弦齿高；水平游标卡尺用来测量分度圆弦齿厚。齿厚游标卡尺的读数原理和读数方法与普通游标卡尺相同，分度值 $i = 0.02$mm，测量范围为模数 $m = 1 \sim 18$mm。

（四）测量原理

齿厚偏差是指在分度圆柱面上，法向齿厚的实际值与公称值之差（如图 5—6）。

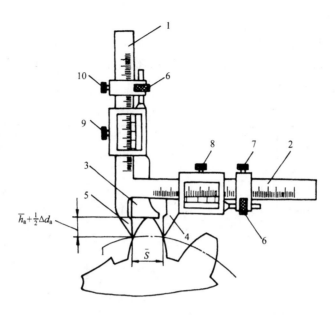

图5—5 齿厚游标卡尺

1,2—刻线尺 3—定位尺 4,5—卡脚 6—螺母 7,8,9,10—螺钉

用齿厚游标卡尺测量齿厚偏差,是以齿顶圆为基准,当齿顶圆直径为公称值时,直齿圆柱齿轮分度圆处的公称弦齿高($\bar{h}_a$)与公称齿厚($\bar{S}$)分别为:

$$\bar{h}_a = h_a + \frac{mz}{2}\left[1 - \cos\left(\frac{\pi + 4x\tan\alpha}{2z}\right)\right]$$

$$\bar{S} = mz\sin\left(\frac{\pi + 4x\tan\alpha}{2z}\right)$$

式中　m——模数;

　　　z——齿数;

　　　α——齿形角;

　　　x——变位系数。

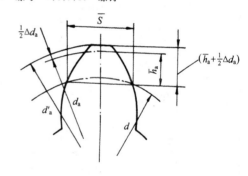

图5—6 弦齿高与弦齿厚

$\bar{h}_a$—弦齿高　$\bar{S}$—弦齿厚　d—分度圆直径　d_a—齿顶圆公称直径　d'_a—齿顶圆实际直径　Δd_a—齿顶圆直径偏差

应当注意,当齿顶圆的直径为实际值 d'_a,即有齿顶圆直径偏差 $\Delta d_a = d'_a - d_a$ 时,要用实际弦齿高 $\left(\bar{h}_a + \frac{1}{2}\Delta d_a\right)$ 代替 $\bar{h}_a$,即垂直游标卡尺应按 $\left(\bar{h}_a + \frac{1}{2}\Delta d_a\right)$ 调整,才能找到分度圆上的弦齿厚。

(五)测量步骤

(1)用外径千分尺测量齿顶圆的实际直径。

(2)计算分度圆处弦齿高 $\bar{h}_a$ 和弦齿厚 $\bar{S}$。对于标准齿轮可查表5—2。

(3)按弦齿高 $\bar{h}_a$ 调整齿厚游标卡尺的垂直游标卡尺,并拧紧螺钉9。

(4)将齿厚游标卡尺置于被测齿轮上,使垂直游标尺的定位尺3与齿顶相接触。然后,移动水平游标尺,使卡脚4和5紧紧夹住齿面,而定位尺与齿顶接触处又未分开(用透光法判断),拧紧螺钉8。从水平游标尺上读出弦齿厚的实际尺寸 $\bar{S}'$,算出该齿的齿厚实际偏差

41

$\Delta E_s = \overline{S}' - S$。

(5) 分别在圆周上间隔相同的几个轮齿上进行测量,并计算出各齿厚偏差。

(6) 按齿轮的技术要求,查出齿厚的上偏差 E_{ss} 和下偏差 E_{si},若所测齿厚偏差均在上下偏差之间,则该齿轮的齿厚合格。

表 5-2　标准齿轮分度圆上的弦齿厚和弦齿高　　　　　　　($m=1$mm)

齿　数 z	分度圆弦齿厚 $\overline{S}$	分度圆弦齿高 $\overline{h}_a$	齿　数 z	分度圆弦齿厚 $\overline{S}$	分度圆弦齿高 $\overline{h}_a$	齿　数 z	分度圆弦齿厚 $\overline{S}$	分度圆弦齿高 $\overline{h}_a$
6	1.552 9	1.102 2	26	1.569 8	1.023 7	46	1.570 5	1.013 4
7	1.556 8	1.087 3	27	1.569 9	1.022 8	47	1.570 5	1.013 1
8	1.560 7	1.076 9	28	1.570 0	1.022 0	48	1.570 5	1.012 9
9	1.562 8	1.068 4	29	1.570 0	1.021 3	49	1.570 5	1.012 6
10	1.564 3	1.061 6	30	1.570 1	1.020 5	50	1.570 5	1.012 3
11	1.565 4	1.055 9	31	1.570 1	1.019 9	51	1.570 6	1.012 1
12	1.566 3	1.051 4	32	1.570 2	1.019 3	52	1.570 6	1.011 9
13	1.567 0	1.047 4	33	1.570 2	1.018 7	53	1.570 6	1.011 7
14	1.567 5	1.044 0	34	1.570 2	1.018 1	54	1.570 6	1.011 4
15	1.567 9	1.041 1	35	1.570 2	1.017 6	55	1.570 6	1.011 2
16	1.568 3	1.038 5	36	1.570 3	1.017 1	56	1.570 6	1.011 0
17	1.568 6	1.036 2	37	1.570 3	1.016 7	57	1.570 6	1.010 8
18	1.568 8	1.034 2	38	1.570 3	1.016 2	58	1.570 6	1.010 6
19	1.569 0	1.032 4	39	1.570 4	1.015 8	59	1.570 6	1.010 5
20	1.569 2	1.030 8	40	1.570 4	1.015 4	60	1.570 6	1.010 2
21	1.569 4	1.029 4	41	1.570 4	1.015 0	61	1.570 6	1.010 1
22	1.569 5	1.028 1	42	1.570 4	1.014 7	62	1.570 6	1.010 0
23	1.569 6	1.026 8	43	1.570 5	1.014 3	63	1.570 6	1.009 8
24	1.569 7	1.025 7	44	1.570 5	1.014 0	64	1.570 6	1.009 7
25	1.569 8	1.024 7	45	1.570 5	1.013 7	65	1.570 6	1.009 5

注:(1) 表中数值要乘以模数 m;

(2) 对于斜齿轮,z 用 $\dfrac{z}{\cos^3\beta}$ 代替,并按比例插入小数值。

(六) 思考题

(1) 测量齿厚的目的是什么?

(2) 齿厚的测量精度与哪些因素有关?

实验 5-4　齿轮公法线长度的测量

(一) 实验目的

(1) 掌握测量齿轮公法线长度的方法。

(2) 熟悉公法线平均长度偏差和公法线长度变动的计算方法,并理解两者的含义和区别。

(二) 实验内容

(1) 用公法线千分尺测量齿轮的公法线长度。

(2) 根据测得值计算公法线平均长度偏差和公法线长度变动。

(三) 计量器具说明

公法线长度可用公法线千分尺、公法线指示卡规和万能测齿仪等测量。

公法线千分尺应用最多。如图 5－7 所示,它与普通外径千分尺相似,只是改用了一对直径为 30mm 的盘形平面测头,其读数方法与普通千分尺相同。

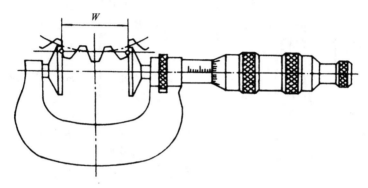

图 5－7　公法线千分尺

(四) 测量原理

公法线长度变动 ΔF_w 是指在齿轮一周范围内,实际公法线长度最大值与最小值之差。公法线平均长度偏差 ΔE_w 是指在齿轮一周范围内,公法线实际长度的平均值与公称值之差。

测量时,要求测头的测量平面在齿轮分度圆附近与左、右齿廓相切,因此跨齿数 k 不是任取的。当齿形角 $\alpha=20°$,齿数为 z 时,取 $k=\dfrac{z}{9}+0.5$ 的整数(四舍五入)。

对于直齿圆柱齿轮,公法线长度的公称值 W 按下式计算:

$$W = m\cos\alpha[\pi(k-0.5) + z\operatorname{inv}\alpha] + 2xm\sin\alpha$$

式中　m——被测齿轮模数;

　　　α——齿形角;

　　　z——齿数;

　　　k——跨齿数;

　　　x——变位系数。

当 $\alpha=20°$,变位系数 $x=0$ 时,

$$W = m[1.476(2k-1) + 0.014z]$$

W 和 k 值也可从表 5－3 中查出。

表5-3 直齿圆柱齿轮公法线长度的公称值($\alpha=20°,m=1,x=0$)

齿 轮 齿 数	跨齿数	公法线长度	齿 轮 齿 数	跨齿数	公法线长度	齿 轮 齿 数	跨齿数	公法线长度
z	k	W(mm)	z	k	W(mm)	z	k	W(mm)
8	2	4.540	39	5	13.831	70	8	23.121
9	2	4.554	40	5	13.845	71	8	23.135
10	2	4.568	41	5	13.859	72	9	26.101
11	2	4.582	42	5	13.873	73	9	26.116
12	2	4.596	43	5	13.887	74	9	26.129
13	2	4.610	44	5	13.901	75	9	26.143
14	2	4.624	45	6	16.867	76	9	26.157
15	2	4.638	46	6	16.881	77	9	26.171
16	2	4.652	47	6	16.895	78	9	26.185
17	2	4.666	48	6	16.909	79	9	26.200
18	3	7.632	49	6	16.923	80	9	26.213
19	3	7.646	50	6	16.937	81	10	29.180
20	3	7.660	51	6	16.951	82	10	29.194
21	3	7.674	52	6	16.965	83	10	29.208
22	3	7.688	53	6	16.979	84	10	29.222
23	3	7.702	54	7	19.945	85	10	29.236
24	3	7.716	55	7	19.959	86	10	29.250
25	3	7.730	56	7	19.973	87	10	29.264
26	3	7.744	57	7	19.987	88	10	29.278
27	4	10.711	58	7	20.001	89	10	29.292
28	4	10.725	59	7	20.015	90	11	32.258
29	4	10.739	60	7	20.029	91	11	32.272
30	4	10.753	61	7	20.043	92	11	32.286
31	4	10.767	62	7	20.057	93	11	32.300
32	4	10.781	63	8	23.023	94	11	32.314
33	4	10.795	64	8	23.037	95	11	32.328
34	4	10.809	65	8	23.051	96	11	32.342
35	4	10.823	66	8	23.065	97	11	32.350
36	5	13.789	67	8	23.079	98	11	32.370
37	5	13.803	68	8	23.093	99	12	35.336
38	5	13.817	69	8	23.107	100	12	35.350

(五) 测量步骤

(1) 根据被测齿轮的α,m,z值,按上述公式计算或查表5-3确定被测齿轮的跨齿数k和公法线公称长度。

(2) 用标准校对棒或量块校对所用千分尺的零位。

(3) 用左手捏住公法线千分尺,将两测头伸入齿槽,夹住齿侧测量公法线长度,齿轮不动,左右摆动千分尺,同时用右手旋动千分尺套筒,使两侧头合拢,直到手感到测头夹紧齿侧后,从千分尺的标尺上读数,此数即为实际公法线长度。

（4）依次测量齿轮上均布的六处公法线长度，记下各读数。

（5）计算公法线长度变动 ΔF_w。取六个测得值中的最大值（W_{max}）与最小值之差（W_{min}），即

$$\Delta F_w = W_{max} - W_{min}$$

（6）计算公法线平均长度偏差 ΔE_w。取六个测得值的平均值 $\overline{W}$ 与公称值 W 之差，即

$$\Delta E_w = \overline{W} - W$$

（7）根据齿轮的技术要求，查出公法线长度变动公差 F_w，齿圈径向跳动公差 F_r，齿厚上偏差 E_{ss} 和齿厚下偏差 E_{si}，按下式计算公法线平均长度的上偏差 E_{ws} 和下偏差 E_{wi}

$$E_{ws} = E_{ss}\cos\alpha - 0.72F_r\sin\alpha = 0.94E_{ss} - 0.25F_r$$
$$E_{wi} = E_{si}\cos\alpha + 0.72F_r\sin\alpha = 0.94E_{si} + 0.25F_r \qquad (\alpha = 20°)$$

按 $\Delta F_w \leqslant F_w$ 和 $E_{wi} \leqslant \Delta E_w \leqslant E_{ws}$ 判断合格性。

（六）思考题

（1）测量 ΔF_w 和 ΔE_w 的目的有什么不同？

（2）测量公法线长度偏差，为何取平均值？

（3）若一个齿轮经测量后确定其公法线平均长度偏差合格，而公法线长度变动不合格，试分析其原因。

实验 5—5　齿轮径向综合误差的测量

（一）实验目的

（1）熟悉双面啮合综合检查仪的测量原理和测量方法。
（2）加深理解径向综合误差和一齿径向综合误差的定义。

（二）实验内容

用双面啮合综合检查仪测量齿轮径向综合误差和一齿径向综合误差。

（三）计量器具说明

图 5—8 为双面啮合综合检查仪的外形图。它能测量圆柱齿轮、圆锥齿轮和蜗轮副。测量范围：模数 1～10mm；中心距 50～300mm。仪器结构比较简单。在底座 8 上有固定滑板 5 和浮动滑板 11，浮动滑板 11 与标尺 9 连接在底座 8 的导轨上浮动，在弹簧力的作用下使被测齿轮与测量齿轮始终保持紧密啮合。测量齿轮精度比被测齿轮高 2 级以上。固定滑板 5 与游标 9 连接，用手轮 7 移动，以调整两滑座间的距

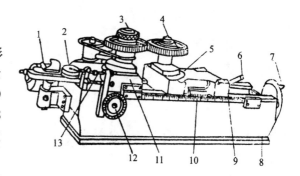

图 5—8　双啮仪

1—记录笔　2—指示表　3,4—心轴　5—固定滑板　6—扳手　7—手轮　8—底座　9—标尺　10—游标　11—浮动滑板　12—滚花轮　13—挡块

45

离。

测量时,测量齿轮装在固定滑板 5 的心轴 4 上,被测齿轮装在浮动滑板 11 的心轴 3 上,调整两滑板的距离,放松浮动滑板,使两齿轮保持紧密啮合,旋转被测齿轮,此时由于齿圈偏心、齿形误差、基节偏差等因素引起双啮中心距的变化,使浮动滑板产生位移。此位移量通过指示表 2 读出,或者由仪器附带的机械式记录器绘出误差曲线。

(四) 测量原理

齿轮双面啮合测量是用一理想精确的测量齿轮与被测齿轮双面啮合传动,以双啮中心距的变动量来评定齿轮的质量。

径向综合误差 $\Delta F_i''$ 是指被测齿轮与理想精确的测量齿轮双面啮合时,在被测齿轮一转范围内,双啮中心距的最大值与最小值之差。一齿径向综合误差 $\Delta f_i''$ 是指被测齿轮与理想精确的测量齿轮双面啮合时,在被测齿轮一齿距角内双啮中心距变动的最大值。

(五) 测量步骤

(1) 将被测齿轮和测量齿轮分别装在心轴 3 和 4 上。旋转滚花轮 12,将浮动滑板 11 大致调整到浮动范围的中间。

(2) 旋转手轮 7,使两齿轮双面啮合,按下扳手 6 锁紧滑板 5。

(3) 调整档块 13,使指示表有 1~2 圈的压缩量。将坐标纸包紧在记录圆筒上,放下记录笔 1,将笔尖调到记录纸的中心,并与记录纸接触。

(4) 放松滚花轮 12,由弹簧力作用使两个齿轮双面啮合。

(5) 缓慢转动测量齿轮一周,由于被测齿轮的加工误差,双啮中心距就产生变动,其变动情况从指示表或记录曲线图中反映出来。

在被测齿轮转一转时,由指示表读出双啮中心距的最大值与最小值,两读数之差就是齿轮径向综合误差 $\Delta F_i''$。

在被测齿轮转一齿距角内,从指示表读出双啮中心距的最大变动量,即为一齿径向综合误差 $\Delta f_i''$。

(6) 根据齿轮的技术要求,查出径向综合公差 $\Delta F_i''$ 和一齿径向综合公差 $\Delta f_i''$,按 $\Delta F_i'' \leqslant F_i''$ 和 $\Delta f_i'' \leqslant f_i''$ 判断合格性。

(六) 思考题

(1) 测量径向综合误差和一齿径向综合误差的目的是什么?

(2) 若无理想精确的测量齿轮,能否进行双面啮合测量?为什么?

实验 5-6　齿轮基节偏差的测量

(一) 实验目的

(1) 学会用基节仪测量基节偏差。

(2) 加深对基节偏差含义的理解。

（二）实验内容

用基节仪测量齿轮的基节偏差。

（三）计量器具说明

测量基节偏差的仪器有基节仪和万能测齿仪。手动式基节仪的外形结构如图 5—9 所示。该仪器上有两个测头,一个为固定测头 1,另一个为活动测头 2,两个测头与齿轮两相邻齿廓相切。活动测头 2 的另一端经过杠杆系统与固定仪器上端的指示表 4 相连,所以测头 2 的位移在指示表上即可读出。活动测头 2 可用螺杆 7 调整。仪器上的定位头 3 起支承作用,它与测头 1 在同一个部件上,可使两个测头在测量时位置稳定,旋转螺杆 8 能使定位头移动。测头 1 和 2 的间距靠量块夹中量块组 10 校准达到公称基节。基节仪测量范围为模数 $m=1\sim16$mm,指示表分度值 $i=1\mu$m,示值范围为 ±0.06mm。

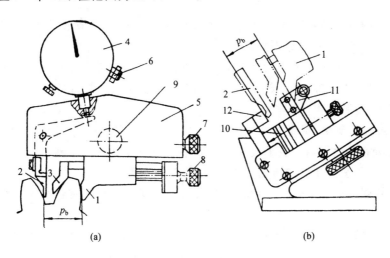

图 5—9　基节仪及量块夹

(a) 基节仪　　(b) 量块夹

1—固定测头　2—活动测头　3—定位头　4—指示表　5—壳体　6—微动小轮

7、8—螺杆　9—夹紧螺钉　10—量块组　11、12—量块夹上测头

（四）测量原理

基节偏差 Δf_{p_b} 是指实际基节与公称基节之差。如图 5—10 所示。此基节不在基圆柱上测量,而是在基圆柱的切平面上测量。实际基节是指基圆柱切平面与两相邻同侧齿面相交线之间的法向距离,只能在两相邻齿面的重叠区内取得(图 5—10 的 φ 角区内)。

公称基节在数值上等于基圆柱上的弧齿距 p_b。压力角 $\alpha_n=20°$,齿轮模数为 m_n 时,$p_b=\pi m_n\cos\alpha_n=2.952\,1m_n$。

测量基节偏差的原理如图 5—11 所示。测头 1 和 2 的工作面均向齿轮,与相邻两齿面接触时两测头之间的距离表示实际基节,另外用等于公称基节的量块来校准,实测与校准两次在指示表上读数之差即为基节偏差。

图 5—10　基节偏差

图 5—11　基节测量
1、2—测头　3—定位头　4—指示表

（五）测量步骤

（1）根据被测齿轮的模数，按公式 $p_b = \pi m_n \cos\alpha_n$ 计算公称基节值，按此值组合量块组，并将量块组装入量块夹中，用螺钉固紧。

（2）将基节仪测头 1 插入量块夹上带销的测头 11 中，使两测头的平面紧贴，转动基节仪上的螺杆 7，使测头 2 与测头 12 接触，直到指示表 4 上的指针为零，拧紧基节仪背面的螺钉 9，再微动表上小轮 6，使指针对准零位。

（3）右手握住基节仪，使测头 1 和定位头 3 架在同一齿的上部。转动螺杆 8，使测头 1 和 2 与齿面接触点处在重叠区内。右手微摆基节仪，使测头 2 沿齿面上下滑动，当测头 1 和 2 的间距最小时，记下指示表上指针转折点处的读数，即得基节偏差 Δf_{p_b}。

（4）沿齿轮圆周的三等分位置，在左、右齿廓上分别测量基节偏差，用以代表齿轮上各齿的基节偏差。

（5）根据齿轮的技术要求，查出基节的极限偏差 $\pm f_{p_b}$，若 6 个齿廓的基节偏差均在两极限偏差 $\pm f_{p_b}$ 之间，则为合格。

（六）思考题

（1）基节偏差对齿轮传动有何影响？

（2）产生基节偏差的主要原因是什么？

公差与技术测量实验报告

实验一　尺寸测量

年　　月　　日

实验 1－1　用内径百分表测量内径

一、测量对象和要求：

　　1. 被测件名称(编号)_____。

　　2. 被测件尺寸及公差带代号_____基本尺寸_____上偏差_____下偏差_____。

　　3. 被测件极限尺寸(mm)_____和_____。

　　4. 验收极限尺寸(mm)_____和_____。

二、测量器具：

器具名称	分度值(mm)	示值范围(mm)	测量范围(mm)
1. 内径百分表			
2. 量块	精度等级_____,组合尺寸_____mm。		

三、测量记录和计算：

测量位置		实际偏差(mm)			实际尺寸(mm)		
		Ⅰ－Ⅰ	Ⅱ－Ⅱ	Ⅲ－Ⅲ	Ⅰ－Ⅰ	Ⅱ－Ⅱ	Ⅲ－Ⅲ
测量方向	$A-A'$						
	$B-B'$						

四、测量部位图：

五、判断合格性：

班级		学生姓名		指导老师签名	

实验1－2　用卧式测长仪测量内径

一、测量对象和要求：

　　1. 被测件名称(编号)_____。

　　2. 被测件尺寸及公差带代号_____,基本尺寸_____上偏差_____下偏差_____。

　　3. 被测件极限尺寸(mm)_____和_____。

　　4. 验收极限尺寸(mm)_____和_____。

二、测量器具：

器具名称	分度值(mm)	示值范围(mm)	测量范围(mm)
1. 卧式测长仪			
2. 量块(标准环)	精度等级_____,组合尺寸_____ mm。		

三、测量记录和计算：

测量位置		实际偏差(mm)		实际尺寸(mm)	
		Ⅰ－Ⅰ	Ⅱ－Ⅱ	Ⅰ－Ⅰ	Ⅱ－Ⅱ
测量方向	1－1				
	2－2				

四、测量部位图：

五、判断合格性：

班级		学生姓名		指导老师签名	

实验 1－3　用立式光学计测量外径

一、测量对象和要求：

1. 被测件名称(编号)＿＿＿＿＿＿＿＿＿＿。

2. 被测件尺寸及公差带代号＿＿＿＿＿＿,基本尺寸＿＿＿＿＿＿上偏差＿＿＿＿＿＿下偏差＿＿＿＿＿＿。

3. 被测件极限尺寸(mm)＿＿＿＿＿＿和＿＿＿＿＿＿。

4. 验收极限尺寸(mm)＿＿＿＿＿＿和＿＿＿＿＿＿。

二、测量器具：

器具名称	分度值(mm)	示值范围(mm)	测量范围(mm)
1. 立式光学计			
2. 量块	精度等级＿＿＿＿＿＿,组合尺寸＿＿＿＿＿＿ mm。		

三、测量记录和计算：

测量位置		实际偏差(mm)		实际尺寸(mm)	
		Ⅰ－Ⅰ	Ⅱ－Ⅱ	Ⅰ－Ⅰ	Ⅱ－Ⅱ
测量方向	$A-A'$				
	$B-B'$				

四、测量部位图：

五、判断合格性：

班级		学生姓名		指导老师签名	

实验 1-4　用机械比较仪测量外径

一、测量对象和要求：

　　1. 被测件名称(编号)＿＿＿＿＿＿＿＿。

　　2. 被测件尺寸及公差带代号＿＿＿＿基本尺寸＿＿＿＿上偏差＿＿＿＿下偏差＿＿＿＿。

　　3. 被测件极限尺寸(mm)＿＿＿＿和＿＿＿＿。

　　4. 验收极限尺寸(mm)＿＿＿＿和＿＿＿＿。

二、测量器具：

器具名称	分度值(mm)	示值范围(mm)	测量范围(mm)
1. 机械比较仪			
2. 量块	精度等级＿＿＿＿,组合尺寸＿＿＿＿mm。		

三、测量记录和计算：

测量位置		实际偏差(mm)		实际尺寸(mm)	
		I－I	II－II	I－I	II－II
测量方向	$A-A'$				
	$B-B'$				

四、测量部位图：

五、判断合格性：

班级		学生姓名		指导老师签名	

实验二　形位误差的测量

实验 2－1　直线度误差的测量

一、测量对象和要求：

　　1. 机床导轨直线度公差 t_- = ＿＿＿＿＿＿＿＿＿＿ μm。

二、测量器具：

器具名称	分度值(μm)	示值范围	桥板跨距 L(mm)
框式水平仪			
平板等级	＿＿＿＿＿＿＿＿＿＿＿级		

三、测量记录和数据处理：

测点序号 i		0～1	1～2	2～3	3～4	4～5
读数值 a_i(格)	第一次					
	第二次					
平均值(格)						
累加值 y_i(格)						

四、误差曲线图：　　　　　　　　　　　　　　　　　**五、判断合格性：**

直线度误差 f_- = ＿＿＿＿＿＿＿＿＿＿ μm

班级		学生姓名		指导老师签名	

实验 2－2　圆度圆柱度误差的测量

一、测量对象和要求：

　　1. 被测轴的基本尺寸_____ mm，圆度公差 $t_{//}$ _____ mm，圆柱度公差 $t_{/o/}$ _____ mm。

二、测量器具

器具名称	分度值(mm)	测量范围(mm)	示值范围(mm)
1. 千分尺			
2. 百分表			
3. 平　板	平板等级_____级		

三、测量记录和计算：

	千分尺读数 M_i(mm)	$a-a$	$b-b$	$c-c$	$d-d$	$e-e$
第一次两点法	1—1					
	2—2					
	3—3					
	4—4					
	5—5					
	6—6					
	$(M_{imax}-M_{imin})/2$					
	$(M_{max}-M_{min})/2$					
第二次三点法（$\alpha=90°$）	百分表读数(mm)					
	$(M_{imax}-M_{imin})/2$					
	$(M_{max}-M_{min})/2$					
第三次三点法（$\alpha=120°$）	$(M_{imax}-M_{imin})/2$					
	$(M_{max}-M_{min})/2$					

$f_{//}$＝三次中 $(M_{imax}-M_{imin})/2$ 的最大值＝_____ mm，$f_{/o/}$＝三次中 $(M_{max}-M_{min})/2$ 的最大值＝_____ mm

四、测量部位图：

五、判断合格性：

班级		学生姓名		指导老师签名	

实验 2－3　平行度误差测量

一、测量对象和要求：

1. 被测试件编号_____。

2. 孔对基准平面的平行度的公差 $t_{/\!/}$ _____ mm。

二、测量器具：

器具名称	分度值(mm)	示值范围(mm)
1. 百分表		
2. 平板等级_____级		

三、测量记录和计算：

读　　数	M_1(mm)		M_2(mm)		L(mm)	
平行度误差	$f_{/\!/} = \mid M_1 - M_2 \mid \times \dfrac{l}{L}$					

四、测量示意图：

(a)　　　　　　　　　　　　　　　　(b)

五、判断合格性：

班级		学生姓名		指导老师签名	

实验 2-4 对称度误差的测量

一、测量对象和要求：

    1. 被测箱体编号 _____。

    2. 箱体槽面的对称度公差 $t_4 =$ _____ mm。

二、测量器具：

器具名称：
1. 平板等级 _____ 级
2. 杠杆百分表：(分度值 = _____ mm，示值范围为 _____ mm，测量方法的极限误差为 _____ mm)

三、测量记录和计算：

表 上 读 数(mm)			各对应点对称度误差(mm)
M_{a1}		M_{a2}	$f_a = \mid M_{a1} - M_{a2} \mid =$
M_{b1}		M_{b2}	$f_b = \mid M_{b1} - M_{b2} \mid =$
M_{c1}		M_{c2}	$f_c = \mid M_{c1} - M_{c2} \mid =$

$$f_= =$$

四、测量示意图：

五、判断合格性：

班级		学生姓名		指导老师签名	

实验 2-5　端面圆跳动和径向全跳动测量

一、测量对象和要求：

　　1. 被测试件编号_____。

　　2. 零件的端面圆跳动公差 $t_2 =$ _____ mm。

　　3. 零件的径向全跳动公差 $t_1 =$ _____ mm。

二、测量器具：

　　1. 跳动检查仪。

　　2. 模拟心轴。

　　3. 百分表：分度值_____ mm，示值范围_____ mm。

三、测量记录和计算：

　　1. 端面圆跳动

百分表读数 （mm）	M_{1max}	M_{2max}	M_{3max}	M_{4max}	M_{5max}
	M_{1min}	M_{2min}	M_{3min}	M_{4min}	M_{5min}
$M_{imax} - M_{imin}$					
$f_{↗} = (M_{imax} - M_{imin})$的最大值＝_____ mm。					

　　2. 径向全跳动

百分表读数(mm)	M_{max}		M_{min}	
$f_{↗↗} = M_{max} - M_{min} =$ _____ mm。				

四、测量示意图：

(a)　　　　　　　　(b)

五、判断合格性：

班级		学生姓名		指导老师签名	

实验三 表面粗糙度的测量

实验 3－1 用光切显微镜测量表面粗糙度

一、测量对象和要求：

    1. 被测试件编号＿＿＿＿＿＿＿＿＿＿。

    2. 被测试件表面粗糙度允许值 $R_z=$ ＿＿＿＿＿＿ μm。

    3. 取样长度 $l=$ ＿＿＿＿＿ mm，评定长度 $l_n=$ ＿＿＿＿＿ mm。

二、测量器具：

器具名称	可换物镜组的放大倍数	目镜千分尺使用时的分度值 $I(\mu m)$	测量范围(μm)
光切显微镜			

三、测量记录和计算：

n	测量读数	1	2	3	4	5
1	峰顶 H_{pi}(格)					
	谷底 H_{vi}(格)					
	$R_{z1}=\dfrac{1}{5}\displaystyle\sum_{i=1}^{5}\mid H_{pi}-H_{vi}\mid\times I=$ ＿＿＿＿＿＿ μm					
2	峰顶 H_{pi}(格)					
	谷底 H_{vi}(格)					
	$R_{z2}=$ ＿＿＿＿＿＿＿＿＿ μm					
3	峰顶 H_{pi}(格)					
	谷底 H_{vi}(格)					
	$R_{z3}=$ ＿＿＿＿＿＿＿＿＿ μm					
4	峰顶 H_{pi}(格)					
	谷底 H_{vi}(格)					
	$R_{z4}=$ ＿＿＿＿＿＿＿＿＿ μm					

n	测量读数	1	2	3	4	5
5	峰顶 H_{pi}（格）					
	谷底 H_{vi}（格）					
	$R_{z5} = $ _____ μm					

计算在评定长度 ln 内 R_z 的平均值：($n=2\sim 5$)

$$R_z = \frac{1}{n}\sum_{i=1}^{n} R_{zi} = \underline{\hspace{3cm}} \mu m$$

四、判断合格性：

班级		学生姓名		指导老师签名	

实验 3－2　用干涉显微镜测量表面粗糙度

一、测量对象和要求：

　　1. 被测试件编号＿＿＿＿＿＿＿＿＿＿。

　　2. 被测试件表面粗糙度允许值 $R_z=$ ＿＿＿＿＿ μm。$R_y=$ ＿＿＿＿＿ μm。

　　3. 取样长度 $l=$ ＿＿＿＿＿ mm，评定长度 $l_n=$ ＿＿＿＿＿ mm。

二、测量器具：

　　1. 干涉显微镜　　2. 目镜千分尺：分度值 $I=$ ＿＿＿＿＿ μm，测量范围＿＿＿＿＿ μm。

三、测量记录与计算：

　　$b=N_1-N_2=$ ＿＿＿＿＿ 格

n	测量读数	1	2	3	4	5
1	峰高 N_{1i}（格）					
	谷深 N_{3i}（格）					
		$\bar{a}=\dfrac{1}{5}\left(\sum\limits_{i=1}^{5}N_{1i}-\sum\limits_{i=1}^{5}N_{3i}\right)$ ＝＿＿＿格	$R_{z1}=\dfrac{\bar{a}}{b}\cdot\dfrac{\lambda}{2}\cdot I$ ＝＿＿＿μm	$a_{max}=\begin{cases}|N_{1max}|-|N_{3min}|\ 或\\ |N_{1min}|-|N_{3max}|\end{cases}$ ＝＿＿＿格		$R_{y1}=\dfrac{a_{max}}{b}\cdot\dfrac{\lambda}{2}\cdot I=$ ＿＿＿μm
2	N_{1i}（格）					
	N_{3i}（格）					
		$\bar{a}=$ ＿＿＿＿（格）　$R_{z2}=$ ＿＿＿＿μm		$a_{max}=$ ＿＿＿＿（格）　$R_{y2}=$ ＿＿＿＿μm		
3	N_{1i}（格）					
	N_{3i}（格）					
		$\bar{a}=$ ＿＿＿＿（格）　$R_{z3}=$ ＿＿＿＿μm		$a_{max}=$ ＿＿＿＿（格）　$R_{y3}=$ ＿＿＿＿μm		
4	N_{1i}（格）					
	N_{3i}（格）					
		$\bar{a}=$ ＿＿＿＿（格）　$R_{z4}=$ ＿＿＿＿μm		$a_{max}=$ ＿＿＿＿（格）　$R_{y4}=$ ＿＿＿＿μm		
5	N_{1i}（格）					
	N_{3i}（格）					
		$\bar{a}=$ ＿＿＿＿（格）　$R_{z5}=$ ＿＿＿＿μm		$a_{max}=$ ＿＿＿＿（格）　$R_{y5}=$ ＿＿＿＿μm		

计算在评定长度长度 l_n 内，R_z、R_y 的平均值

$$R_z=\frac{1}{n}\sum_{i=1}^{n}R_{zi}=\text{＿＿＿＿}\mu m\,;\quad R_y=\frac{1}{n}\sum_{i=1}^{n}R_{yi}=\text{＿＿＿＿}\mu m$$

四、判断合格性：

班级		学生姓名		指导老师签名	

实验四　螺纹的测量

<table>
<tr><td colspan="5" align="center">实验 4－1　用三针法测量螺纹中径</td></tr>
</table>

一、测量对象和要求：

  1. 被测件的编号_____.

  2. 被测外螺纹的尺寸代号_____,基本中径_____,螺距_____。

  3. 螺纹中径极限尺寸(mm)_____和_____。

二、测量器具：

器具名称	分度值(mm)	示值范围(mm)	测量范围(mm)
1. 杠杆千分尺			
2. 量　块	精度等级_____,组合尺寸_____ mm。		
3. 采用三针直径 d_o	mm	最佳三针直径 $d_{o佳}$	mm

三、测量记录和计算：

测得的 M 值 （mm）	1—1		2—2	
	Ⅰ－Ⅰ	Ⅱ－Ⅱ	Ⅰ－Ⅰ	Ⅱ－Ⅱ
$d_{2实际}$ (mm)				

四、测量部位图：　　　　　　　　　　　　　　　　五、判断合格性：

班级		学生姓名		指导老师签名	

实验 4－2　用螺纹千分尺测量螺纹中径

一、测量对象和要求：

　　1. 被测件的编号＿＿＿＿＿＿＿＿．

　　2. 被测外螺纹的尺寸代号＿＿＿＿，基本中径＿＿＿＿，螺距＿＿＿＿。

　　3. 螺纹中径极限尺寸（mm）＿＿＿＿和＿＿＿＿。

二、测量器具：

器具名称	分度值（mm）	示值范围（mm）	测量范围（mm）
1. 螺纹千分尺			
2. 测头			

三、测量记录和计算：

	1—1		2—2	
测得的 M 值 （mm）	Ⅰ—Ⅰ	Ⅱ—Ⅱ	Ⅰ—Ⅰ	Ⅱ—Ⅱ
$d_{2实际}$（mm）				

四、测量部位图：

五、判断合格性：

班级		学生姓名		指导老师签名	

实验 4－3　用工具显微镜测量螺纹各要素

一、测量对象和要求：

   1. 被测螺纹件编号＿＿＿＿＿＿＿＿＿。

   2. 被测外螺纹的尺寸代号＿＿＿＿，基本中径＿＿＿＿，螺距＿＿＿＿。

   3. 螺纹中径极限尺寸(mm)＿＿＿＿和＿＿＿＿。

二、测量器具：

器具名称	分度值(mm)	示值范围(mm)	测量范围(mm)
工具显微镜			

三、测量记录和计算：1. 螺纹中径 $d_{2实际}$ 的测量

中径测量	第一次读数	第二次读数	
$d_{2左}$			$d_{2左}=$
$d_{2右}$			$d_{2右}=$
$$d_{2实际}=\frac{d_{2左}+d_{2右}}{2}=$$			

四、测量部位图：

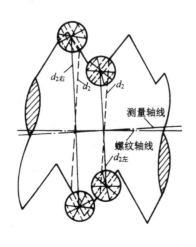

实验4-3　用工具显微镜测量螺纹各要素

2. 螺纹累积误差 $\Delta P_{\sum}$ 的测量：

测量部位图

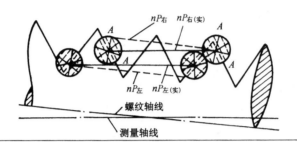

测量记录和计算：

公称螺距 $P(\text{mm})$	被测螺距数 n	$nP_{左(实)}(\text{mm})$	$nP_{右(实)}(\text{mm})$

$nP_{实}=(nP_{左(实)}+nP_{右(实)})/2=$ _____ (mm)

$\Delta P_{\sum}=nP_{实}-nP=$ _____ (mm)

螺距误差的中径补偿值：$f_{p}=1.732\,|\,\Delta P_{\sum}\,|$ _____ (mm)

3. 螺纹牙型半角 $\dfrac{\alpha}{2}$ 的测量：

测量部位图：

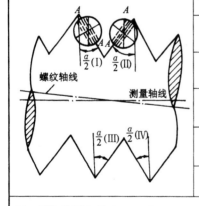

测量记录和计算：

$\dfrac{\alpha}{2}(\text{I})$	$\dfrac{\alpha}{2}(\text{II})$	$\dfrac{\alpha}{2}(\text{III})$	$\dfrac{\alpha}{2}(\text{IV})$

$$\frac{\alpha}{2}(左)=\frac{\dfrac{\alpha}{2}(\text{II})+\dfrac{\alpha}{2}(\text{IV})}{2}=$$

$$\frac{\alpha}{2}(右)=\frac{\dfrac{\alpha}{2}(\text{I})+\dfrac{\alpha}{2}(\text{III})}{2}=$$

半角误差的中径补偿值 $f_{\frac{\alpha}{2}}=$

四、螺纹作用中径 $d_{2作用}=d_{2实际}+(f_{p}+f_{\frac{\alpha}{2}})=$ _____ (mm)

五、判断合格性：根据 $d_{2作用}\leqslant d_{2\max}$，$d_{2实际}\geqslant d_{2\min}$

班级		学生姓名		指导老师签名	

实验五　齿轮的测量

实验 5-1　齿距误差的测量

一、测量对象和要求：

1. 被测直齿圆柱齿轮编号＿＿＿＿＿＿＿＿。
2. 齿轮精度等级＿＿＿＿＿＿，齿数 z ＿＿＿＿＿＿，齿形角 α ＿＿＿＿＿＿，模数 m ＿＿＿＿＿＿。

二、测量器具：

器具名称	指示表分度值(mm)	测量范围(齿轮模数,mm)
齿距仪		
万能测齿仪		

三、测量记录和数据处理：

一	二	三	四	五
齿距序号	齿距相对偏差	读数值累加	齿距偏差	齿距累积误差
	$\Delta f_{pt相对}(\mu m)$	$\sum\limits_{i=1}^{n}\Delta f_{pt相对}(\mu m)$	$\Delta f_{pt}(\mu m)$	$\Delta F_{p}(\mu m)$
1				
2				
3				
4				
5				
6				
7				
8				
9				
10				
11				
12				

齿距相对偏差修正值 $K = \sum\limits_{i=1}^{n}\Delta f_{pt}/z = $ ＿＿＿＿＿＿ μm

测量结果：$\Delta f_{pt} = $ ＿＿＿＿＿＿ μm；$\Delta F_{p} = $ ＿＿＿＿＿＿ μm

四、测量示意图：

见图 5-1 和图 5-2

五、判断合格性：

1. 查表得齿距极限偏差 $\pm f_{pt} = $ ＿＿＿＿＿＿ μm；

  齿距累积公差 $F_{p} = $ ＿＿＿＿＿＿ μm。

2. 比较 $\begin{cases} \Delta f_{pt}\text{和}\pm f_{pt} \\ \Delta F_{p}\text{和}F_{p} \end{cases}$

班级		学生姓名		指导老师签名	

实验 5－2　齿轮齿圈径向跳动的测量

一、测量对象和要求：

　　1. 被测直齿圆柱齿轮编号＿＿＿＿＿＿＿＿。

　　2. 齿轮精度等级＿＿＿＿＿，齿数 z＿＿＿＿＿，齿形角 α＿＿＿＿＿，模数 m＿＿＿＿＿。

　　3. 齿轮齿测间隙＿＿＿＿＿。

二、测量器具：

器具名称	分度值 i(mm)	示值范围(mm)	测量范围(mm)
跳动检查仪			
心　　轴	直　　径		mm
球 形 测 头	直　径 d_p		mm

三、测量记录和计算：(将逐齿测量值 M_i 填入下表)。　　　　　　　　　　　　单位：μm

齿序	表上读数	齿序	表上读数	齿序	表上读数	齿序	表上读数	齿序	表上读数
1		11		21		31		41	
2		12		22		32		42	
3		13		23		33		43	
4		14		24		34		44	
5		15		25		35		45	
6		16		26		36		46	
7		17		27		37		47	
8		18		28		38		48	
9		19		29		39		49	
10		20		30		40		50	

齿圈径向跳动 $\Delta F_r = M_{\max} - M_{\min}$

　　　　　　　　 ＝ ＿＿＿＿＿＿＿ μm。

四、测量示意图：	五、绘制误差曲线：

六、判断合格性：

1. 查表得齿圈径向跳动公差 $F_r =$ _____ μm。

2. 比较 ΔF_r 和 F_r 值。

班级		学生姓名		指导老师签名	

实验 5-3　齿轮齿厚的测量

一、测量对象和要求：

　　1. 被测直齿圆柱齿轮编号＿＿＿＿＿＿＿＿＿。

　　2. 齿轮精度等级＿＿＿＿＿，齿数 z ＿＿＿＿＿，齿形角 α ＿＿＿＿＿，模数 m ＿＿＿＿＿。

二、测量器具：

器具名称	分度值(mm)	测量范围(mm)
齿厚游标卡尺		

三、测量记录、查表和计算：

<table>
<tr><td rowspan="3">查
表
值</td><td colspan="2">公称弦齿高
$\overline{h}_a$(mm)</td><td></td><td colspan="2">公称弦齿厚
$\overline{s}$(mm)</td><td></td><td colspan="2">齿距极限
偏差 f_{pt}(μm)</td><td></td></tr>
<tr><td colspan="5">齿厚上偏差 $E_{ss} = ($　$) \cdot f_{pt} = $＿＿＿＿＿＿＿＿ μm</td><td colspan="5"></td></tr>
<tr><td colspan="5">齿厚下偏差 $E_{si} = ($　$) \cdot f_{pt} = $＿＿＿＿＿＿＿＿ μm</td><td colspan="5"></td></tr>
<tr><td rowspan="3">测
量
和
计
算</td><td colspan="4">齿顶圆实际半径 $r'_a = $</td><td colspan="2">mm</td><td colspan="4">实际弦齿高 $\overline{h}_a' = h_a + \Delta r_a = $＿＿＿＿＿＿＿ mm</td></tr>
<tr><td colspan="4">在齿轮圆周分三个等分处
测得弦齿厚 $\overline{S'}$(mm)</td><td>1</td><td colspan="3">2</td><td colspan="3">3</td></tr>
<tr><td colspan="4"></td><td></td><td colspan="3"></td><td colspan="3"></td></tr>
<tr><td></td><td colspan="4">齿厚偏差
$\Delta E_s = \overline{S'} - S$(μm)</td><td></td><td colspan="3"></td><td colspan="3"></td></tr>
</table>

四、测量示意图：

五、判断合格性：

班级		学生姓名		指导老师签名	

实验 5－4　齿轮公法线长度的测量

一、测量对象和要求：

1. 被测直齿圆柱齿轮编号_____。
2. 齿轮精度等级_____，齿数 z _____，齿形角 α _____，模数 m _____。

二、测量器具：

器具名称	分度值(mm)	测量范围(mm)	示值误差
公法线千分尺			
量　　　块	组合尺寸_____ mm		

三、测量记录和查表计算：

<table>
<tr><td rowspan="3">测量记录和计算</td><td>沿齿轮一周测
6 次的实际公法
线长度值 W'(mm)</td><td>1</td><td>2</td><td>3</td><td>4</td><td>5</td><td>6</td></tr>
<tr><td>公法线长度
变动 ΔF_w</td><td colspan="6">$\Delta F_w = W_{max} + W_{min}$
=_____ μm</td></tr>
<tr><td>公法线平均长度
偏差 ΔE_w</td><td colspan="6">$\Delta E_w = \dfrac{1}{6}\sum W' - W$
=_____ μm</td></tr>
<tr><td rowspan="5">查表和计算</td><td>齿轮公法线长度公称值 W</td><td colspan="2">mm</td><td colspan="3" rowspan="2">齿轮齿厚上偏差 $E_{ss} = $_____$\times |f_{pt}|$
=_____ μm</td></tr>
<tr><td>跨　齿　数 k</td><td colspan="2"></td></tr>
<tr><td>齿轮齿距极限偏差 $\pm f_{pt}$</td><td colspan="2">μm</td><td colspan="3" rowspan="2">齿轮齿厚下偏差 $E_{si} = $_____$\times |f_{pt}|$
=_____ μm</td></tr>
<tr><td>齿轮齿圈径向跳动公差 F_r</td><td colspan="2">μm</td></tr>
<tr><td colspan="6">公法线长度上偏差 $E_{ws} = 0.94E_{ss} - 0.25F_r = $_____ μm
公法线长度下偏差 $E_{wi} = 0.94E_{ss} + 0.25F_r = $_____ μm</td></tr>
</table>

四、测量示意图：

五、判断合格性：

班级		学生姓名		指导老师签名	

实验 5－5　齿轮径向综合误差测量

一、测量对象和要求：

1. 被测直齿圆柱齿轮编号＿＿＿＿＿＿＿。

2. 齿轮的精度等级＿＿＿＿＿，齿数 z ＿＿＿＿＿，齿形角 α ＿＿＿＿＿，模数 m ＿＿＿＿＿。

二、测量器具：

器具名称	测量范围		指示表或记录仪的分度值(mm)
双 啮 仪	模数＿＿＿＿ mm	最大直径＿＿＿＿ mm	

三、测量记录和计算

1. 径向综合误差 $\Delta F''_i$

指示表读数(转一周)$a''_{max} - a''_{min}$	（mm）

$$\Delta F''_i = a''_{max} - a''_{min} \text{＿＿＿＿＿＿} \text{mm}$$

2. 一齿径向综合误差 $\Delta f''_i$

齿距角	表上读数	齿距角	表上读数	齿距角	表上读数	齿距角	表上读数	齿距角	表上读数
第 n	转一齿距角 $(a''_{max} - a''_{min})$ mm	第 n	转一齿距角 $(a''_{max} - a''_{min})$ mm	第 n	转一齿距角 $(a''_{max} - a''_{min})$ mm	第 n	转一齿距角 $(a''_{max} - a''_{min})$ mm	第 n	转一齿距角 $(a''_{max} - a''_{min})$ mm
1		11		21		31		41	
2		12		22		32		42	
3		13		23		33		43	
4		14		24		34		44	
5		15		25		35		45	
6		16		26		36		46	
7		17		27		37		47	
8		18		28		38		48	
9		19		29		39		49	
10		20		30		40		50	

$$\Delta f''_i = \text{上述测量中}(a''_{max} - a''_{min})\text{的最大值} = \text{＿＿＿＿＿＿} \text{mm}$$

四、测量示意图：

五、误差曲线：

六、判断合格性：

1. 查表得径向综合公差 $F''_i =$ ＿＿＿＿＿＿ μm，一齿径向综合公差 $f''_i =$ ＿＿＿＿＿＿ μm　2. 比较 $\begin{cases} \Delta F''_i \text{ 与 } F''_i \\ \Delta f''_i \text{ 与 } f''_i \end{cases}$

班级		学生姓名		指导老师签名	

实验 5—6　齿轮基节偏差的测量

一、测量对象和要求：

　　1. 被测直齿圆柱齿轮编号＿＿＿＿＿＿＿＿。

　　2. 齿轮的精度等级＿＿＿＿，齿数 z ＿＿＿＿，齿形角 α ＿＿＿＿，模数 m ＿＿＿＿。

　　3. 被测齿轮的基节基本尺寸 p_b ＿＿＿＿ mm

二、测量器具：

器具名称	分度值(mm)	示值范围(mm)	测量范围(mm)
手携式基节仪			
量块夹、量块	量块精度等级＿＿＿＿，量块组尺寸＿＿＿＿ mm。		

三、测量记录：

测量齿轮圆周上三个等分位置各左、右侧的基节偏差	位置 1		位置 2		位置 3	
	左侧	右侧	左侧	右侧	左侧	右侧
Δf_{Pbi}						

四、测量示量图：

(a)　　　　　　　　(b)

五、判断合格性：

　　1. 由查表得基节极限偏差 $\pm f_{Pb}$ ＝ ＿＿＿＿ μm

　　2. 比较

$$\begin{cases} \Delta f_{Pbmax} \text{与} f_{pb} \text{值} \\ \Delta f_{Pbmin} \text{与} -f_{Pb} \text{值} \end{cases}$$

班级		学生姓名		指导老师签名	

附录　实验注意事项

制订《实验注意事项》的目的是使学生爱惜实验设备，掌握正确的实验操作方法，养成对测量技术工作一丝不苟的良好习惯，保证实验教学质量，顺利完成实验项目。具体要求如下：

1. 实验前认真预习指导书的内容，实验时做到原理清楚、方法正确、数据可靠，实验后认真完成实验报告。

2. 按规定时间进入实验室，更换拖鞋，保持室内整洁和安静，与实验无关的物品不得带入实验室。

3. 爱护仪器设备，凡与本次实验无关的仪器均不得动用和触摸。开始做实验前，应在教师指导下，对照仪器了解仪器的结构和使用调整方法。在接通电源时，要特别注意仪器要求的电压。如仪器发生故障，应立即停止实验，报告老师进行处理，不得自行拆修。

4. 按操作步骤进行测量和记录数据。操作要细心，动作要轻匀，手指切勿触摸计量器具的工作面和光学镜片。

5. 实验完成后，切断电源，把计量器具和工件擦拭干净，并整理好，将测量结果经指导老师检查后，方可离开实验室。

6. 凡不遵守实验注意事项，经指出不听者，指导老师有权停止其实验。凡损坏计量器具，应根据具体情节，按有关规章制度进行处理。

主要参考文献

1. 重庆大学公差、刀具教研室编.互换性与技术测量实验指导书.北京:中国计量出版社.1986
2. 沈利云主编.公差配合与技术测量实验指导.南京:江苏科学技术出版社.1997
3. 范德梁主编.互换性与测量技术基础实验.北京:机械工业出版社.1989
4. 于崇正,雷红旗编.互换性原理与测量技术基础学习指导.北京:中央广播电视大学出版社.1987